傳授雞胸肉相關祕訣

減脂烹飪教室

笠原將弘

令我著迷的雞胸肉

我老家經營的是烤雞串店，所以我從小就幾乎天天都在吃雞肉。如今就算有人問我最喜歡什麼肉，我的答案仍是雞肉。雞肉能分成雞腿、雞胸、雞翅、雞柳等各種部位，它們各有各的美味料理方式。擔任廚師已有三十年以上的我，當然也烹調過無數道雞肉料理，然而最近我認為最具魅力、最令我著迷的就是——雞胸肉。

雖然雞胸肉總給人沒什麼味道又乾柴的印象，但其實只要掌握烹調訣竅，它也能變身成一道高級料理。而且雞胸肉不僅卡路里低，又能節省家庭開支，除了能輕鬆切成各種形狀外，料理方式也很豐富，無論想要烤、炸、煮、炒都沒有問題，甚至還能燉出一鍋好湯。如此優秀的食材，總讓我讚不絕口。

這次我難得有機會能以雞胸肉為主題寫一本書，於是我決定從我那應該有超過3萬筆的雞胸肉食譜中，嚴選出幾道在家也能輕鬆作、美味又上得了檯面的菜色。每道菜都是我的自信之作。口味上更是有日式、西式、中式、東南亞風等多元變化。只要有了這本食譜，從明天起你也能成為料理雞胸肉的行家。此外，我認為離超市的雞胸肉總是銷售一空的日子應該也不遠了。那麼各位，今晚也讓我們用美味的雞胸肉料理乾杯吧！

贊否兩論

笠原 将弘

目錄

第4章 雞胸肉的高級下酒菜

第5章 雞胸肉的豪華主食

本書的閱讀方式

- 1小匙＝5㎖、1大匙＝15㎖、1杯＝200㎖。
- 白米1合＝180㎖。
- 「高湯」是指和風高湯，可依喜好用昆布或柴魚製作。
- 「小麥粉」若無特別指定，請使用低筋麵粉。
- 食譜中省略了蔬菜「清洗」「去皮」等作業。若無特別提及，即代表是已完成上述作業後才開始步驟。
- 平底鍋為經氟樹脂塗層加工的款式。
- 「溶水馬鈴薯澱粉」是指將馬鈴薯澱粉用與之等量的水混合後的材料。

基本調味料

調味料也有許多種類，選用不同調料味道也會隨之改變。以下將介紹幾種我常用的品項。

砂糖

上白糖擁有清淡的甜味，能用於所有料理。蔗糖則含有大量礦物質，較適合用於替料理增添醇厚風味。

醋

穀物醋雖比較常見，但酸味較強，因此鮮味強但酸味柔和的米醋更適合用來替料理提味。

味噌

基本上我都是使用淡色辛口的信州味噌。然而根據不同菜餚，我偶而也會改用白味噌或紅味噌。

味醂

我使用的是嚐得到溫和鮮味的本味醂。若只是味醂風味的調味料，則幾乎不含酒精，而且還會有食鹽等其他添加物。

鹽

精緻鹽很鹹，味道清淡的天然鹽會更好些，且我建議最好選擇含大量礦物質的產品。

醬油

食材中寫的「醬油」都是指濃口醬油。想要替蔬菜等增添色澤時，則是使用淡口醬油。

酒

料理中我都是使用能喝的日本酒。如果是日本料理酒，裡面會添加鹽或其他調味料，無法直接飲用。

油

沙拉油我使用的是太白胡麻油，麻油則是太香胡麻油。當然，使用一般的沙拉油、麻油也沒問題。

只要徹底了解雞胸肉，就能大幅拓展自煮料理的豐富性

與雞肉的其他部位或其他肉類相比，雞胸肉的處理和烹調的確需要點技巧。本章就來教大家如何挑選、切割及保存雞胸肉，在了解如何吃得更美味後，平時能做的料理種類也會變得更加豐富。

掌握雞胸肉的特性

在雞肉中，雞胸肉的營養價值和鮮味尤其出眾，這裡我們就來認識一下這些成分。

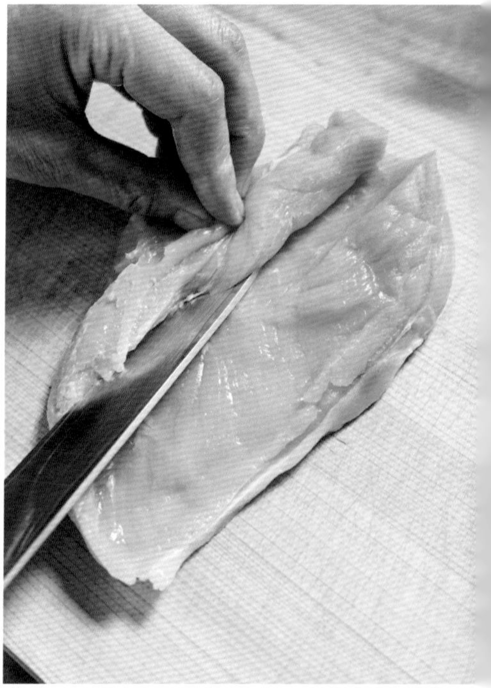

✓具有健康食品等級的營養

說到雞胸肉，大部分的人應該都有**低熱量、高蛋白**的印象，事實上從※營養成分表上可以看到，生雞胸肉（童子雞、帶皮、可食用部位100g）的卡路里為133，蛋白質含量7.3g，脂肪則為5.5g。**與雞腿肉相比**，蛋白質重量明明幾乎一樣，但雞胸肉卻**少了約50卡路里**，脂肪更是少了約8g。此外，和豬肉、牛肉比起來，雞胸肉的卡路里和脂肪也明顯低很多。而且雞胸雖然整塊都是肉，卻也含有豐富的鉀。**能補充營養**的同時又無須在意卡路里和脂肪，這正是雞胸肉的魅力。

※「日本食品標準成分表2020年版（八訂）」

選肉要看顏色

請選擇顏色呈**漂亮粉紅色**、肉質**飽滿又有彈性**的雞胸肉。肉色偏白可能不太新鮮。此外，若生鮮托盤中有滲出汁液（肉汁），代表**肉的鮮味成分已流失**，不夠新鮮，應避免購買。

非常鮮甜

雖說雞胸肉的脂肪少且味道偏淡，但我認為**雞胸在雞肉中也算是相當鮮甜的部位**。雞肉所有的部位都含有**鮮味成分——肌苷酸**，而據資料顯示雞胸肉的肌苷酸含量比雞腿肉還多，至於該如何把這個鮮味完全逼出來還需要些技巧。

較容易變質

雞肉的含水量比其他肉類更多。然而水分多，細菌等就容易繁殖，換句話說**水分含量高的肉會更快變質。**而這也就是為什麼雞肉比豬肉、牛肉更容易壞的原因。我們除了應在期限內盡快食用外，買回來放進冰箱前，也可先用廚房紙巾等擦除表面水分以利保存。

雞胸肉該怎麼切

不同部位的纖維，方向也不一樣，切割時要先確認後再下刀。基本上我會依纖維方向切成3大塊後使用。

1 去皮

用手掀起雞胸窄端的雞皮後，一邊用刀切割皮肉相連的部分，一邊把皮拉扯下來。雞胸比雞腿肉更好去皮，再加上脂肪偏少，處理起來也更加容易。

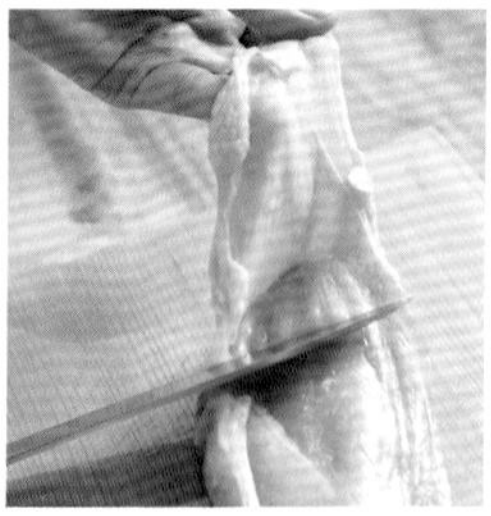

2 確認纖維方向，把肉切割分成3大塊。

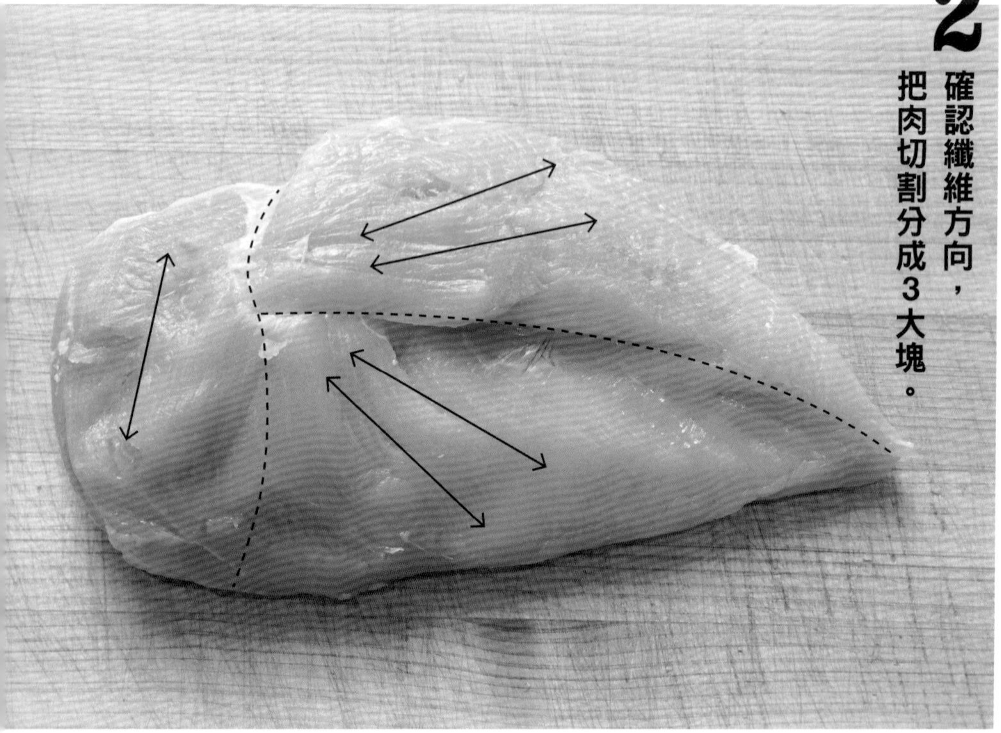

將已去皮的那一面朝下，接著確認纖維紋理。纖維方向如箭頭所示，先根據各個方向把肉分成3大塊後再接著做其他處理。

3 截斷纖維 讓口感更柔軟

當然也是可以不管纖維方向直接料理，但基本上我都是斜著入刀後逆紋斜切，將肌肉纖維切斷，以煮出柔軟的口感。

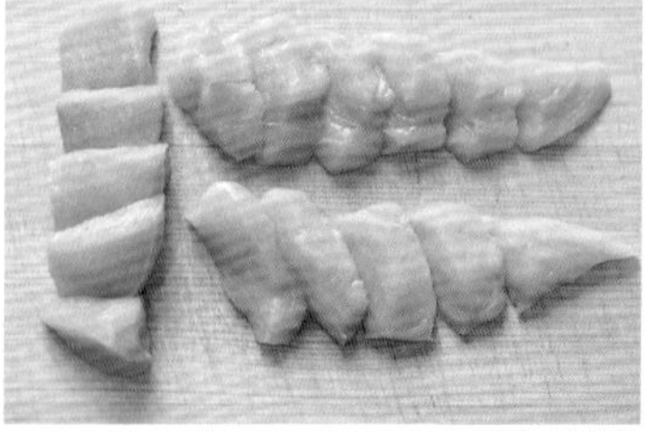

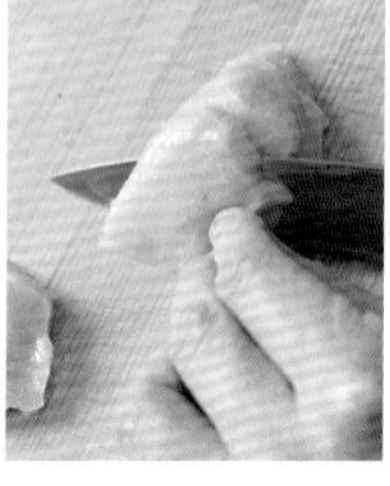

剝下來的皮可冷凍保存

雞皮鮮味十足，因此我建議不要丟掉，而是將其冷凍保存，日後能當成高湯包使用（p.68）。無論清炒、燉煮還是蒸飯等，許多料理都能派上用場。

約可保存 **1** 個月

1 將皮拉成縱長的長方形後，由下而上捲成一卷。

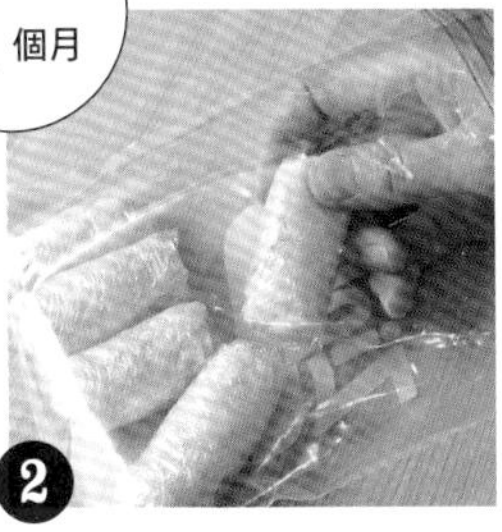

2 用保鮮膜一個個包緊後，放入冷凍用保鮮袋，接著再放進冷凍庫保存。

✓ 雞胸的用途五花八門

整塊直接煮當然沒問題，但如果能配合烹調方式改變切法，就能製作出更多更豐富的料理。

「煎」

照燒雞排（p.22）與印度烤雞（p.53）是直接使用整塊雞胸下去煎出多汁的口感後再切塊。另外，也能切成一口大小後，製成烤雞串（p.73）。

「炸」

有整塊炸成的日式炸雞排（p.27）和台式雞排（p.44），也有一口大小的日式炸雞塊（p.16）等，炸時的切法和形狀也是多種多樣。

「炒」

青椒炒雞肉絲（p.39）等清炒料理中，可把肉先切片後再切絲；用於日式炒麵（p.94）時，則可以改切成棒狀。

「燉」

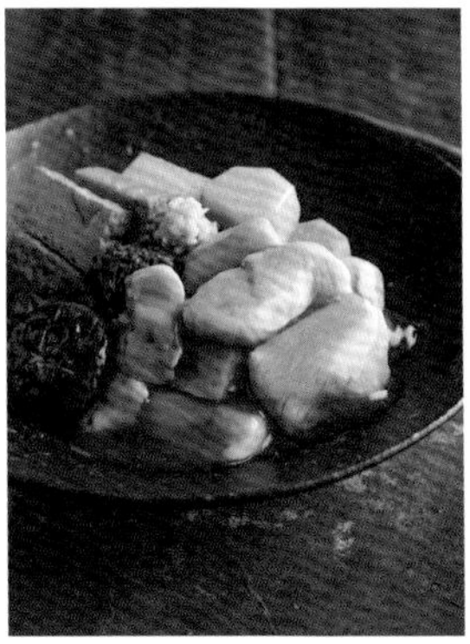

製作馬鈴薯燉雞（p.28）、奶油燉雞（p.58）等燉煮料理時，要切成偏大的一口大小，讓肉塊比配料更有存在感。

「涼拌」

只要把高湯雞胸（p.12）或沙拉雞胸（p.62）切一切、撕一撕，就能變出日式、西式等各種涼拌菜。

如何保存雞胸肉

本篇將介紹大量購買或一次用不完的時候，該如何存放才能鎖住美味，又能延長保存期限。

製作「高湯雞胸」

推薦各位可以把雞胸肉先這樣做起來以利存放。雞胸肉含肌苷酸，昆布則有麩胺酸，兩種鮮味成分能發揮相輔相成的效果，煮出鮮甜好滋味。此外，運用高湯雞胸的料理，製作起來都非常快。無論是能作為主菜的口水雞（p.42），還是下酒菜（p.78）都能馬上出菜。

約可保存 **3** 天

連同湯汁一起放入保鮮盒內，放進冰箱保存。

高湯雞胸

【材料・容易製作的份量】

- 雞胸肉…2片（約600g）
- 蔥綠部分…1根的量
- 昆布（高湯用）…5g
- **A**
  - 水…6杯
  - 酒…1杯
  - 淡口醬油…4大匙

【作法】

1 將雞肉去皮的那面朝下並縱向擺放，劃開較厚的部分，使整塊肉的厚度均等。青蔥切成大塊狀。

2 把材料的**A**、步驟**1**、昆布放入鍋中後以中火加熱。於沸騰前（約80度）撈除浮沫，同時轉至極小火煮7到8分鐘。中途要替雞肉上下翻面。

3 關火並蓋上廚房紙巾，接著放置直到冷卻。

冷凍保鮮

若購買當天連製作「高湯雞胸」的時間都沒有，可先冷凍起來。最晚也要在購買的隔天移到冷凍庫存放。

約可保存 **1** 個月

用廚房紙巾擦除水分，再用保鮮膜包得密不透風，避免肉與空氣接觸，接著放入冷凍用保鮮袋並封口，然後放進冷凍庫內保存。

使用時請用流水解凍

將包著保鮮膜的冷凍雞胸直接沉入裝水的碗中，用流水淋約20～30分鐘就能解凍。這麼做不僅比自然解凍更快，肉也比較不容易流出含鮮味成分的滲出液。

直接切塊就能變成一盤美味佳餚

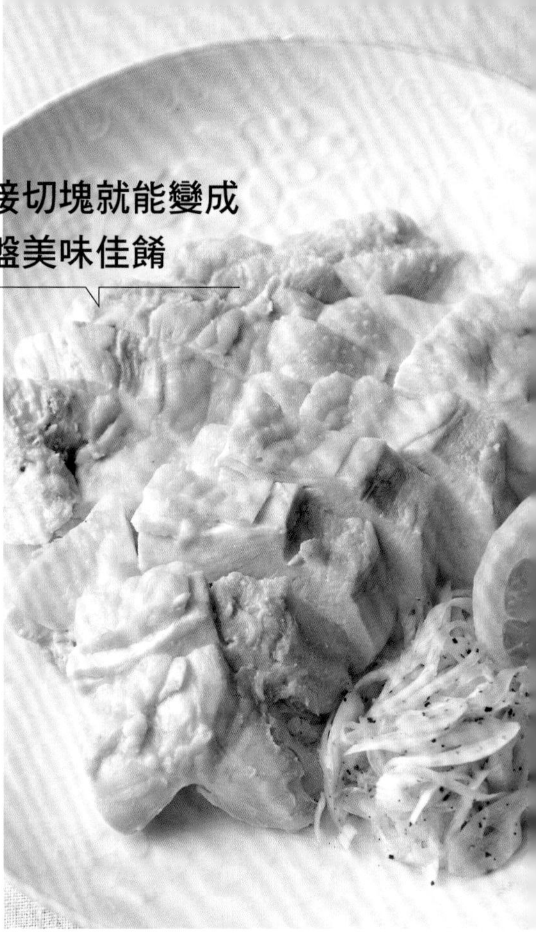

切成容易入口的大小後，簡單淋上檸檬汁或搭配顆粒芥末醬就能馬上享用。

湯汁能製作湯品

煮雞胸的湯汁味道清淡，能用於各類湯品，例如酸辣風味湯品（p.42）或拉麵湯頭，如果覺得不夠味，還能再加醬油、鹽或胡椒等調味。

跟雞腿肉相比，雞胸肉的優點是易切、易煮，且這些從平時的家常菜就能感受到。例如，把日式炸雞塊或照燒雞排中常用的雞腿換成雞胸肉後，各位應該就會發現烹飪過程比以往順利很多。

只要充分入味，或用醬汁增添濃郁感，即使是清淡的雞胸肉，也能變成讓人大快朵頤的佳餚。

此外，若在切法上多下點功夫，就連生薑燒和青椒肉絲這類通常會使用豬肉或牛肉的菜色，也能用雞肉做得很美味。而且雞胸還能弄成麻花捲或海苔捲等造型，形狀千變萬化。

各位不妨運用變化多端的雞胸肉，製成喜歡的味道好好享用吧！

第1章 家人愛吃的雞胸肉菜餚

雞胸肉日式炸雞塊

↓材料與作法請參照p.16～17

炸成一口大小，香氣四溢的各種雞塊料理

切成一口大小時，基本上我會採用斜切，這麼一來便能增加表面積，使肉較容易熟透，從而炸得又香又脆。此外，若能快速把肉弄熟，肉質本身也較不會乾柴，而是擁有多汁的口感。美乃滋雞塊、乾燒雞塊、雞胸肉南蠻漬、糖醋雞塊全都是採這種刀法。

為了讓肉更容易熟透，切成一口大小時要採取斜切。

抓揉直至出現黏稠感，使肉均勻裹上麵衣。

接觸空氣後再炸第二次，就能炸出酥脆口感。

雞胸肉日式炸雞塊

材料・2人份

雞胸肉…1片（約300g）

A
- 生薑泥…½小匙
- 味醂、醬油…各1½大匙
- 胡椒…少許

B
- 小麥粉…1½大匙
- 馬鈴薯澱粉…1大匙

馬鈴薯澱粉…適量

油炸用油…適量

檸檬瓣…適量

作法

1 將雞肉切3大塊再斜切成一口大小。

2 把步驟1放入碗中，加入材料A後均匀抓揉，隨後靜置約15分鐘。

3 瀝乾步驟2湯汁，加入材料B並均勻抓揉出黏稠感。接著把雞肉一塊塊沾上馬鈴薯澱粉後，排列在料理方盤上靜置約5分鐘。

4 將鍋裡的油加熱至170度，放入步驟3並炸約3分鐘。起鍋後放到瀝油方盤上靜置約3分鐘，接著再次用170度的油炸約1分鐘，隨後起鍋瀝油。

5 最後盛入盤中，佐上檸檬。

「利用生薑醬油提味，製作一道色香味俱全的日式炸雞。」

變化味道

鹽味海苔炸雞塊

作法

將上述「日式炸雞塊」的材料A換成「酒2大匙、鹽1小匙再少一點、青海苔2小匙」，其他作法保持一樣。於盤中鋪上適量生菜，擺上鹽味海苔炸雞塊後，再添些切成半月狀的檸檬片。

美乃滋雞塊

材料・2人份

雞胸肉…1片（約300g）
鹽…少許

A
雞蛋…1顆
小麥粉、馬鈴薯澱粉…各2大匙
水…1大匙

B
美乃滋…5大匙
煉乳…1大匙
檸檬汁…1小匙

沙拉油…適量
萵苣…2片
小番茄…4顆
粗磨黑胡椒粉…少許

作法

1 萵苣撕成容易入口的大小，小番茄剖半。
2 雞肉去皮後切成3大塊，接著斜切成1㎝厚，然後撒鹽調味。
3 在碗裡把材料A的雞蛋打散後，加入剩下的材料A攪拌製成麵衣，隨後加入步驟2並充分裹勻。
4 平底鍋中倒入高1㎝的沙拉油加熱，一邊上下翻動步驟3，一邊半煎炸至熟透後就能起鍋瀝油。
5 在碗裡混合材料B，而後加入步驟4，使其均勻沾附醬料。連同步驟1一起盛入盤中，最後撒上黑胡椒就完成了。

提味祕方是煉乳，強烈的甜味讓人欲罷不能。

乾燒雞塊

材料・2人份

雞胸肉…1片（約300g）
鹽…少許

A
雞蛋…1顆
小麥粉、馬鈴薯澱粉…各2大匙
水…1大匙

B
蒜泥…½小匙
番茄醬…3大匙
豆瓣醬…1小匙

C
雞骨湯※…1杯
味醂、醬油…各1大匙

溶水馬鈴薯澱粉…2大匙
碎蔥…2大匙
雞蛋…1顆
沙拉油…適量
萵苣…2片

作法

1 與「美乃滋雞塊」的步驟2～4相同。
2 倒掉平底鍋裡的油，放入材料B以中火拌炒。炒出香氣後，加入材料C煮至沸騰，隨後加入溶水馬鈴薯澱粉製作勾芡。加入步驟1稍微煮一下後拌入碎蔥。把蛋打散，然後以畫圓的方式倒入鍋中，當蛋液開始變得鬆軟就熄火。撕碎萵苣，把雞塊盛入盤中後就大功告成。

最後滑入一顆蛋能讓雞肉與醬汁緊密結合，吃起來更順口。

※雞骨湯＝將雞骨湯原料（顆粒）按商品說明溶解而成。

「這兩道料理到半煎為止的步驟都一樣。
之後就看各位是想吃味道溫和的美乃滋雞塊，
還是帶點辛辣的乾燒雞塊，可隨喜好變換。」

「在醋味十足的清爽料理中，使用口感比雞腿更爽口的雞胸肉更合適。」

雞胸肉南蠻漬

材料・2人份

雞胸肉…1片（約300g）
鹽…少許
小麥粉…適量
洋蔥…½顆
紅蘿蔔…50g
紅辣椒…2根
A 水…¼杯
砂糖…70g
醋、淡口醬油…各120mℓ
油炸用油…適量

作法

1 洋蔥切成薄片，紅蘿蔔切絲。紅辣椒則是去籽後切圈。

2 雞肉去皮後切成3大塊，接著斜切成1.5cm厚，然後灑上鹽巴並裹上小麥粉。

3 將鍋裡的油加熱到170度，放入步驟**2**炸約3～4分鐘，炸至酥脆後起鍋瀝油。把瀝好油的雞塊放入碗裡並擺上步驟**1**。

4 於鍋裡倒入材料**A**並以中火加熱，煮至沸騰且砂糖完全溶解後，將其澆淋在步驟**3**上。最後等餘熱消散，再放入冰箱冷卻。

糖醋雞塊

材料・2人份

雞胸肉…1片（約300g）
鹽…適量
胡椒…少許
雞蛋…1顆
馬鈴薯澱粉…適量
洋蔥…½顆
香菇…3朵
青椒…2顆

A
水…1½杯
砂糖、醋、醬油…各4大匙
馬鈴薯澱粉…1½大匙

油炸用油…適量
沙拉油…1½大匙

作法

1 洋蔥以1cm切瓣，香菇去蒂後切成4等分。青椒則是去頭、去籽後，切成不規則狀。

2 雞肉去皮後切成3大塊，然後斜切成1cm厚，接著撒上少許鹽和胡椒，再抓入蛋液，隨後裹上馬鈴薯澱粉。

3 將鍋裡的油加熱到170度，放入步驟**2**炸約2~3分鐘，接著起鍋瀝油。

4 於平底鍋到入沙拉油並以中火加熱，放入步驟**1**並灑上少許鹽巴，炒軟後取出備用。

5 充分攪拌材料**A**，接著將其倒入平底鍋以中火加熱，煮至沸騰且出現黏稠感時，加入步驟**3**、**4**快速拌炒。

「『糖醋豬』改成雞肉版本其實也非常美味，而且油炸時間比豬肉更短，煮起來更輕鬆。」

整塊直接加熱，煮出分量十足又多汁的口感

想要有吃頓大餐的感覺時，就要用到整塊或切對半的雞胸，這時為避免受熱不均，必須留意讓肉塊各處的厚度均等。此外，在加熱前充分裹好麵粉與麵衣，就能有效鎖住水分，煮出多汁又柔軟的口感。無論南蠻炸雞排、日式油淋雞還是日式炸雞排都能有令人回味無窮的好滋味。

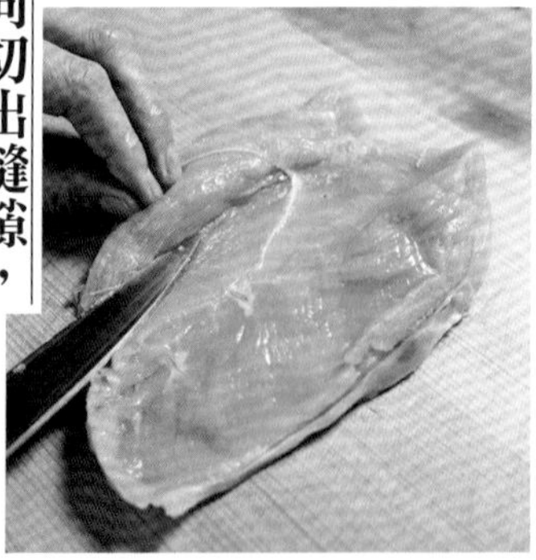

縱向切出縫隙，同時一點點地移動刀尖把肉掰開。

用稍微有點大的力道按壓，煎出香脆的雞皮。

多汁照燒雞排

材料・2人份

雞胸肉…1片（約300g）
鹽…適量
小麥粉…適量
A ┌ 酒、味醂、醬油…各2大匙
　└ 砂糖…1大匙
奶油…10g
粗磨黑胡椒粉…少許
沙拉油…1大匙
綠花椰菜…⅓顆

作法

1 綠花椰菜分成小株後，用鹽水川燙。
2 把雞胸肉帶皮的那面朝下並把肉縱向攤放，劃開較厚的部分，使整塊肉的厚度均等。於肉身部分撒上少許的鹽，然後把小麥粉裹滿整塊肉。最後混合材料**A**。
3 於平底鍋以中火加熱沙拉油，將雞肉帶皮的那面朝下放入，煎烤約7～8分鐘，這時要時不時地用鍋鏟按壓，使雞皮變得酥脆。接著翻面再烤個約3～4分鐘，直到內部熟透，此過程不需按壓。
4 以廚房紙巾擦除多餘油脂，加入材料**A**翻拌均勻。隨後加入奶油，再次翻拌均勻。
5 切塊盛入盤中，淋上醬汁、撒上黑胡椒，最後再擺上步驟**1**後就完成了。

「使用雞胸肉會比用雞腿肉味道更清淡，因此收尾時我加了奶油以增添濃郁風味。」

整塊直接加熱，煮出分量十足又多汁的口感

南蠻炸雞排

材料・2人份

雞胸肉…1片（約300g）
鹽、胡椒…各少許

A
- 雞蛋…1顆
- 小麥粉…2大匙
- 馬鈴薯澱粉…1大匙

小蔥…3根
甜醋醃蕗蕎（市售商品）…6顆

B
- 美乃滋…4大匙
- 味醂…1小匙

C
- 砂糖、醋、醬油、水…各1大匙

油炸用油…適量
高麗菜…1/6顆
蘿蔔嬰…1/3包
小番茄…2顆

「油炸過程中
暫時讓肉起鍋休息，
利用餘熱加熱中心部，
如此便能獲得驚人的鬆軟口感。」

作法

1 高麗菜切絲，蘿蔔嬰去根後切成3等分。把蔬菜們泡入水中輕拌混合使口感更清脆，接著將水分徹底瀝乾後，放入冰箱冷卻備用。小番茄則成對切半。

2 小蔥切圈、蕗蕎切碎後放入碗中，加入材料**B**攪拌以製成醬料後，拿另一個碗混合材料**C**製成醬汁。

3 把雞胸肉帶皮的那面朝下並把肉縱向擺放，劃開較厚的部分，使整塊肉的厚度均等，隨後於整體撒上鹽與胡椒。

4 再拿一個新碗，打入材料**A**中的雞蛋後，把剩下的材料**A**也加進去攪拌，接著加入步驟**3**用手均勻抓揉，隨後靜置約15分鐘。

5 把鍋裡的油加熱到170度，將步驟**4**皮朝下放入鍋中炸約3分鐘後，撈到瀝油方盤上靜置3分鐘。將肉翻面再次下鍋，用170度的油再炸約3分鐘後起鍋瀝油。

6 先將步驟**1**擺入盤中，步驟**5**則是切塊後再盛入。把醬汁均勻淋在肉上，最後再淋上醬料後就大功告成。

為了也能享受
麵衣酥脆的口感，
建議醬汁不要用蘸的，
而是淋上即可。

整塊直接加熱，煮出分量十足又多汁的口感

「淋上大量酸甜醬汁，賦予爽勁十足的滋味。」

日式油淋雞

材料・2人份

- 雞胸肉…1片（約300g）
- **A**
  - 酒…2大匙
  - 鹽…½小匙
  - 胡椒…少許
- 馬鈴薯澱粉…適量
- 蔥…⅓根
- 蒜頭…1瓣
- 生薑…10g
- 蘿蔔嬰…¼包
- **B**
  - 砂糖、醋、醬油、水…各2大匙
  - 麻油…½大匙
  - 一味唐辛子…少許
- 油炸用油…適量
- 萵苣…2片

作法

1 萵苣切細後，過水增加爽脆感，接著將水徹底瀝乾備用。

2 蔥、蒜頭、生薑全部切碎；蘿蔔嬰去根後，切成1㎝長。將上述切好的材料放入碗中，加入材料**B**混合均勻。

3 把雞肉帶皮的那一面朝下縱向擺放，劃開較厚的部分，扳開使整塊肉的厚度均等。將雞肉與材料**A**揉勻後，靜置約10分鐘。

4 瀝乾步驟**3**的汁液，裹上馬鈴薯澱粉後，放在料理方盤上靜置約5分鐘。

5 鍋裡的油加熱至170度，把步驟**4**帶皮的那面朝下放入。中途一邊上下翻面，炸7～8分鐘，隨後起鍋瀝油。稍微冷卻，再將肉切成容易食用的大小。

6 在盤中鋪上萵苣，盛入步驟**5**，最後淋上步驟**2**就完成了。

日式炸雞排佐顆粒芥末醬

材料・2人份

雞胸肉…1片（約300g）
鹽、胡椒…各少許
小麥粉…適量

A
雞蛋…1顆
牛奶…1/4杯
小麥粉…50g

麵包粉…適量

B
紅酒…3大匙
番茄醬…2大匙
顆粒芥末、味醂、醬油…各1大匙

油炸用油…適量
高麗菜…1/6顆
檸檬瓣…適量

作法

1 高麗菜切絲後，過水增加爽脆感，接著把水徹底瀝乾，然後放入冰箱冷卻。

2 雞肉去皮後，縱向切對半。把肉縱向擺放，劃開較厚的部分，使整塊肉的厚度均等，然後於單面撒上鹽、胡椒調味。

3 在料理方盤中打入材料**A**中的雞蛋，接著加入剩下的材料**A**一起攪拌均勻；於另一個料理方盤則鋪上麵包粉。替步驟**2**裹上小麥粉，接著浸入蛋液使其充分沾附，最後再用麵包粉完整包覆。

4 鍋裡的油加熱至170度，放入步驟**3**炸約3分鐘後，撈到瀝油方盤上靜置3分鐘。把肉翻面後再次下鍋，炸約1分鐘後起鍋瀝油。

5 於另一個鍋中加入材料**B**並以中火加熱，一邊攪拌混合一邊熬煮直到有濃稠感為止。

6 在盤中擺上步驟**1**與檸檬後，將步驟**4**切塊並盛入盤中，最後淋上步驟**5**就能上菜。

「把肉對半切能縮短油炸時間，而特製醬汁則是美味的關鍵。」

雞胸肉燉煮料理永不失敗的訣竅
就是裹粉鎖住鮮味

先用麵粉裹住切塊的雞胸肉後再加熱，就能鎖住鮮味與肉汁。麵粉所產生的薄膜效果不僅能讓肉質不會變硬，口感也能更滑順。馬鈴薯燉雞或治部煮等燉煮料理，都可以運用替雞肉裹上一層薄粉的技巧，煮出香嫩鮮滑的好滋味。

裹粉後再下去煎，鎖住雞肉的鮮味。

利用雞皮出的油脂炒菜，讓鮮味轉移到蔬菜上。

馬鈴薯燉雞肉

材料・2人份

- 雞胸肉…1片（約300g）
- 小麥粉…適量
- 馬鈴薯（五月皇后）…2顆
- 紅蘿蔔…½根
- 洋蔥…½顆
- 荷蘭豆…6片
- 蒟蒻絲…1包
- **A**
  - 高湯…2杯
  - 砂糖、味醂…各2大匙
  - 醬油…4大匙
- 沙拉油…2大匙

作法

1 馬鈴薯去皮後，切成偏大的一口大小。紅蘿蔔切成不規則狀，洋蔥則切成2㎝厚的瓣狀。蒟蒻絲預煮後，切成容易食用的長度。

2 雞肉去皮後切成3大塊，然後再斜切成1㎝厚；雞皮則切細。接著替斜切好的雞肉裹上小麥粉。

3 於平底鍋中加入1大匙沙拉油後以中火加熱，隨後丟入斜切好的肉塊，一邊上下翻動一邊煎烤。待肉熟透後，取出備用。

4 再添1大匙沙拉油拌炒雞皮，炒至變色後加入步驟**1**，拌炒直到蔬菜與油脂充分混合。

5 加入材料**A**煮至沸騰後，利用鋁箔紙作為防沸鍋蓋，轉至小火煮約10分鐘。將步驟**3**重新丟入鍋中，荷蘭豆去絲後也丟入。繼續煮約2～3分鐘，同時粗略拌勻，隨後熄火靜置直到餘熱消散。

「用雞皮炒菜讓鮮味更濃郁，
就算是用清淡的雞胸肉製作
馬鈴薯燉雞，也能很夠味。」

雞胸肉燉煮料理永不失敗的訣竅就是裹粉鎖住鮮味

治部煮

材料・2人份

雞胸肉…1片（約300g）
鹽…少許
馬鈴薯澱粉…適量
香菇…2朵
芋頭…2顆
菠菜…½把
油豆腐…½塊
A
高湯…2¼杯
砂糖…2大匙
酒、醬油…各3大匙
山葵醬…適量

作法

1 香菇去柄後，在菇傘上劃縫。芋頭去皮並切成一口大小，然後稍做清洗。油豆腐則切成1㎝寬。
2 菠菜先用熱水稍微川燙後，再用冰水冰鎮，接著徹底擰乾水分並切成4㎝長。
3 雞肉去皮後切成3大塊，接著斜切成5㎜厚並灑鹽調味。
4 於鍋中放入材料**A**與步驟**1**並以中火加熱，沸騰後轉小火繼續煮約15分鐘。接著加入步驟**2**，煮至溫熱即可。
5 把步驟**4**盛入盤中。以中火加熱剩餘的湯汁，用馬鈴薯澱粉裹好步驟**3**後，將其1片片放入鍋中。等肉熟透且湯汁變稠時，就能把雞肉也盛入盤中，最後淋上湯汁、佐上山葵醬就能上桌了。

「治部煮為日本金澤傳統料理，有作法是將所有食材一起燉煮，但將雞胸肉分開來煮，不僅能讓口感更好，外觀也會更賞心悅目。」

裹上的馬鈴薯澱粉能使肉質滑溜，還能讓湯汁變得濃稠。

雞胸肉的切法變化多端，能玩出各種花樣的料理

在所有肉類中，最適合用刀處理的就是雞胸肉。它不僅脂肪少，肉形整齊，除了能切成一口大小外，還能輕鬆挑戰各種切法又不易失敗，例如切片、切泥或弄成麻花、棒狀等，也因此雞胸能用來製作生薑燒、雞肉丸、麻花捲、海苔雞肉捲、青椒炒雞肉絲等豐富各式料理。

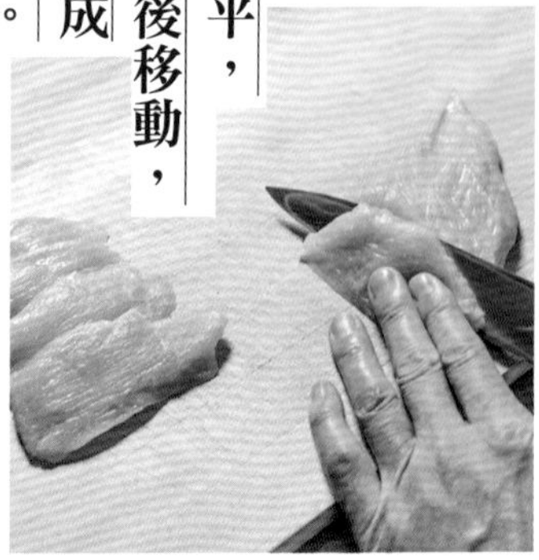

刀要盡量放平，然後慢慢前後移動，如此就能完成漂亮的斜切。

雞肉生薑燒

材料・2人份

- 雞胸肉…1片（約300g）
- 小麥粉…適量
- 洋蔥…½顆
- A
  - 生薑泥…1小匙
  - 砂糖…1大匙
  - 酒…3大匙
  - 醬油…2大匙
  - 一味唐辛子…少許
- 沙拉油…1大匙
- 高麗菜…⅙顆
- 小番茄…4顆

作法

1. 高麗菜切絲後，過水增加爽脆感，接著把水徹底瀝乾，放入冰箱冷卻。
2. 洋蔥切成薄片。
3. 雞肉去皮後斜切成5㎜厚，隨後裹上一層薄薄的小麥粉。
4. 混合均勻材料**A**。於平底鍋中倒入沙拉油，以中火拌炒步驟**2**，炒軟後加入步驟**3**兩面煎烤，待肉變色後加入材料**A**快速翻炒。起鍋盛入盤中，並添上步驟**1**和小番茄。

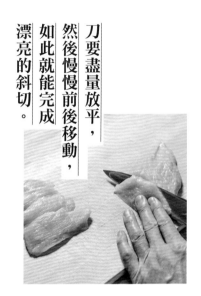

「5㎜厚的肉片很容易熟，
也因此口感會比豬肉更柔嫩。」

「切成粗末後
拍打的雞胸
會比用絞肉更彈牙，
口感更有嚼勁。」

酥炸雞肉丸

材料・2人份

雞胸肉…1片（約300g）

A
- 蒜泥…½小匙
- 小麥粉…3大匙
- 美乃滋…2大匙
- 味醂、醬油…各1小匙
- 鹽、胡椒…各少許

B
- 番茄醬…2大匙
- 蠔油、麻油…各1小匙

C
- 黃芥末…2大匙
- 美乃滋…1大匙
- 蜂蜜…1小匙

油炸用油…適量
歐芹…少許

作法

1 雞肉去皮後，以縱向切細長狀，接著改變方向切成粗末，而後再用刀拍成絞肉狀。

2 碗中放入步驟**1**、材料**A**並充分混合均勻。

3 鍋裡的油炸用油加熱至170度。雙手沾上沙拉油（額外），一邊把步驟**2**捏成直徑約3㎝且厚約1㎝的餅狀，一邊丟入鍋中。上下翻炸約4～5分鐘後，起鍋瀝油。

4 將材料**B**、**C**分別攪拌均勻來製成醬料。於盤中盛入步驟**3**，最後再附上歐芹與醬料。

先切成粗末，
再用刀拍打，
輕鬆就能把肉弄成絞肉狀。

捏好形狀後就要
馬上丟入油中，
但要記得在表面變硬前
都不要去碰。

酥炸雞肉麻花捲

材料・2人份

雞胸肉…1片（約300g）

A ┌ 生薑泥…½小匙
　└ 味醂、醬油…各1½大匙

馬鈴薯澱粉…適量

四季豆…4根

鹽…少許

油炸用油…適量

美乃滋…2大匙

一味唐辛子…少許

酢橘…½顆

作法

1 雞肉去皮後，切成厚約1㎝的長方形。與材料**A**充分揉勻後，靜置約10分鐘。

2 瀝乾步驟**1**的湯汁，從正中央把肉切開，隨後拉著肉的一端穿過切縫，弄成麻花狀，然後再裹上馬鈴薯澱粉。

3 四季豆去頭尾切成全長的一半。

4 鍋裡的油炸用油加熱至170度，丟入步驟**2**炸約3～4分鐘，隨後起鍋瀝油。四季豆則是稍微裸炸後，起鍋瀝油並灑鹽調味。把料理全部盛入盤中，旁邊擠點美乃滋並撒上一味唐辛子，最後添上酢橘。

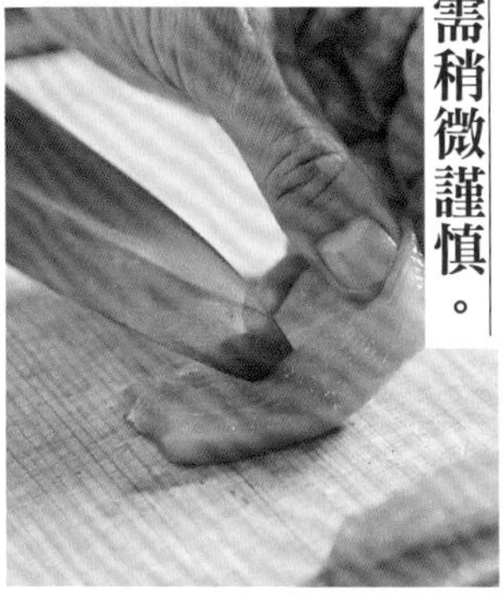

切縫長度建議約2㎝左右，太長會變得不太美觀，下刀時需稍微謹慎。

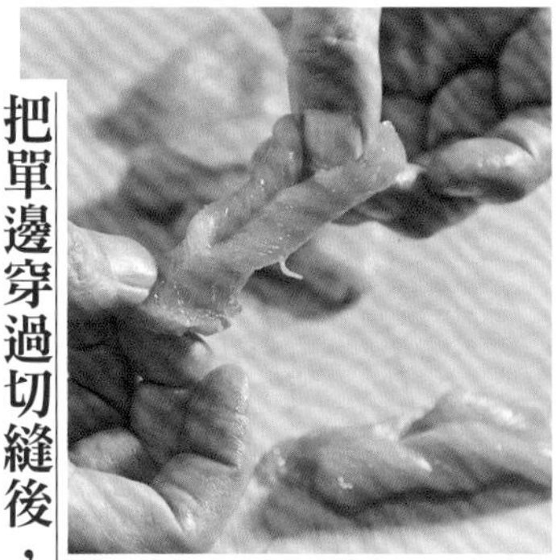

把單邊穿過切縫後，輕拉一下即可。

「作法與蒟蒻麻花結無異，但改用雞胸肉就能變出一道足以款待客人的美味菜餚。」

酥炸海苔雞肉捲

材料・2人份

雞胸肉…1片（約300g）

A一味醂、醬油…各1½大匙

烤海苔（全形）…1片

蓬萊米粉…適量

獅子唐辛子…6條

鹽…少許

油炸用油…適量

酢橘…½顆

「雖然做起來像下酒菜，但可能因為米菓般的外觀，就連小朋友也很喜歡。」

作法

1 雞肉去皮並切成長5～6㎝、寬1㎝的棒狀，與材料A抓揉均勻後，靜置約10分鐘。

2 配合步驟1的長度把海苔切成15等分，把肉一根根包捲起來。等海苔變得濕潤後，再裹上蓬萊米粉。

3 劃開獅子唐辛子。

4 鍋裡的油炸用油加熱至170度後，將步驟2下鍋炸約3～4分鐘，隨後起鍋瀝油。步驟3則是稍微裸炸後，也起鍋瀝油並灑鹽調味。將所有料理盛入盤中，最後添上酢橘。

蓬萊米粉的質地輕薄，裹上後能賦予料理蓬鬆的口感。

青椒炒雞肉絲

材料・2人份

雞胸肉…1片（約300g）

A
- 酒、馬鈴薯澱粉…各1大匙
- 麻油…1小匙
- 鹽…少許

青椒…3顆

水煮竹筍…100g

B
- 酒、醬油、蠔油…各1大匙
- 胡椒…少許

沙拉油…1大匙

作法

1 青椒縱向剖半後去頭去籽，接著橫向切成細絲狀。竹筍切成長約5cm的細絲，稍微燙一下後瀝乾備用。

2 雞肉去皮後切成粗約5mm的細絲，隨後與材料A抓揉均勻。

3 混合材料B。鍋裡的沙拉油以中火加熱後，倒入步驟2下去拌炒。等雞肉變色後，加入竹筍一起炒，再來下青椒粗略拌炒，最後倒入材料B整個炒均勻後，就能起鍋上菜。

雞肉切絲的方法
是先斜切成片狀，
而後再從邊緣切成肉絲。

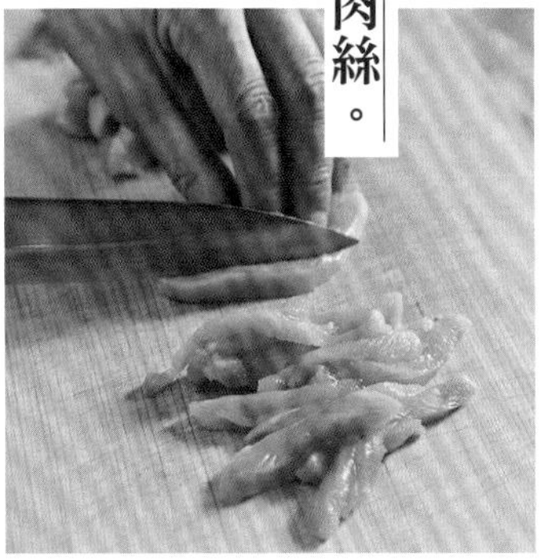

「使用平價雞胸肉增添肉量，吃起來超滿足！」

第2章

旅途中發現的世界雞胸肉料理

享受美食是最令我開心的事，每次到國外，
我便會趁著工作空檔，尋訪當地餐廳。
此外，我也會前往市場，
因為我非常好奇那個國家有什麼常見或受歡迎的食材。
韓國的雞肉大多十分便宜，
而且有著各式各樣的雞肉料理；
歐洲的雞胸則是比雞腿肉更昂貴的食材，
餐廳更是有用雞胸烹煮而成的豐盛晚餐。
然而無論是哪種料理，道道都是珍饈。
本章要介紹的便是我一邊回想當時的味道，
一邊活用美味雞胸所重現的各地美食。

中國

說到中國的雞肉料理，
日本人最先想到應該是口水雞。
不少店家都會使用雞腿肉製作這道菜，
然而我個人比較喜歡用清淡的雞胸，
因為這樣能讓醬汁的辛辣更鮮明。
此外，若在醬汁中加點花椒，
馬上就會飄出一股道地芬芳，
請各位不妨試試。

口水雞

材料・2人份

高湯雞胸（p.12）…1片
豆芽菜…100g
鹽…少許
小蔥蔥花…5根份

A
乾炒白芝麻…1大匙
花椒…½小匙
高湯雞胸湯汁（p.12）…3大匙
醬油…3大匙
醋…2大匙
砂糖、辣油…各1大匙

作法

1 豆芽菜去根並用鹽水稍微川燙後，用篩網撈起，於網上冷卻備用。
2 在碗中充分混合材料A。
3 於盤中鋪上步驟1。高湯雞胸切成一口大小後裝盤，淋上步驟2，最後再擺上小蔥就完成了。

用「高湯雞胸」的湯汁再做一道菜

酸辣風味湯品

材料・2人份

嫩豆腐…½塊
香菇…3朵
蔥…⅓根
雞蛋…1顆

A
高湯雞胸湯汁（p.12）…3杯
醋…3大匙
味醂…2大匙
鹽…½小匙

白胡椒…1小匙
溶水馬鈴薯澱粉…1½大匙
辣油…少許

作法

1 豆腐切成細絲。香菇去柄後，切成薄片。蔥則斜切成薄片。
2 將材料A放入鍋裡以中火加熱，煮沸後加入步驟1煮約3分鐘。撒入白胡椒，然後倒入溶水馬鈴薯澱粉製作勾芡。把蛋打散後畫圈倒入，待蛋液蓬鬆地浮起後就能熄火。
3 盛入碗中，最後畫圈倒入辣油。

「利用預先做好的高湯雞胸，10分鐘就能完成一道令人垂涎欲滴的美饌。」

台灣

台灣的小吃攤不管點什麼都物美價廉，
而且一小盤的量非常剛好。
數年前我到台灣的時候，
品嚐了各式各樣的東西。
雖然都是雞排，
但每間店的味道都各有不同，
邊吃邊比較真的是很有趣的經驗。

「台灣路邊攤人氣王雞排就是大型炸雞塊，大口咬著吃超過癮！」

台式雞排

材料・2人份

- 雞胸肉：1片（約300g）
- 木薯粉：5大匙
- A
  - 生薑泥：½小匙
  - 蒜泥：½小匙
  - 味醂、醬油：各1½大匙
  - 五香粉：⅓小匙
  - 白胡椒：少許
- 油炸用油：適量

作法

1. 雞肉去皮後，劃開較厚的部分，扳開使整塊肉的厚度均等。蓋上保鮮膜，用擀麵棍或瓶子等工具敲打，使肉延展至5～6mm厚。
2. 將材料**A**放入料理方盤中混合，隨後拿掉步驟**1**的保鮮膜，把肉放入後，兩面各浸漬約30分鐘。
3. 於另一個方盤中鋪滿木薯粉，將步驟**2**的湯汁瀝乾後，把整片肉攤開來放入，靜置約10分鐘。
4. 鍋裡的油炸用油加熱至170度後，將步驟**3**下鍋，一邊上下翻面，一邊炸約5～6分鐘，就能起鍋瀝油。

裹粉後不要馬上油炸，而是稍作停留，讓表面稍微乾燥後，才能炸出硬脆感。

製作雞排的必備材料

木薯粉與五香粉

五香粉（左）是一種調味料的名稱，裡面通常含有八角、丁香、肉豆蔻、薑黃、花椒、茴香、小荳蔻等多種香料粉末，能享受豐富的香氣。木薯粉（右）是木薯的根莖製成的粉末，作為麵衣時，能做出比馬鈴薯澱粉更彈牙的口感。

「將多汁的雞胸撕成雞絲，再淋上大量濃郁的洋蔥醬汁。」

雞肉飯

材料・2人份

雞胸肉…1片（約300g）
蔥…½根
生薑…10g

A
水…4杯
酒…¼杯
鹽…1小匙
胡椒…少許

B
炸洋蔥…1大匙
醬油、蠔油…各1大匙
砂糖…½大匙

熱白飯…蓋飯碗2碗份
切成半月狀的黃蘿蔔乾…30g

作法

1 蔥、生薑切成薄片。
2 劃開雞肉較厚的部分，扳開使肉的厚度均等。
3 於鍋中以中火加熱材料 **A**、步驟 **1** 與 **2**，並在沸騰前轉小火。一邊上下翻面一邊繼續煮約20分鐘後熄火，隨後放置直到完全冷卻。
4 製作洋蔥醬汁。於另一個鍋子中倒入材料 **B** 以及½杯步驟 **3** 的湯汁，並以中火加熱，一邊攪拌一邊煮至沸騰後，熄火並待其完全冷卻。
5 取出步驟 **3** 的雞肉，並利用叉子沿著纖維撕成雞絲。
6 在碗裡盛入白飯，擺上步驟 **5**，淋上步驟 **4**，最後再添上黃蘿蔔乾就完成了。

慢慢冷卻能避免肉汁流失，讓雞肉擁有多汁口感。

三杯雞

材料・2人份

雞胸肉⋯1片（約300g）
生羅勒⋯2枝
蒜頭⋯4瓣
生薑⋯15g
A
酒、醬油、水⋯各3大匙
砂糖⋯1½大匙
麻油⋯2大匙
一味唐辛子⋯少許

作法

1 摘下羅勒葉，生薑則切成薄片。
2 雞肉切成3大塊後，斜切成1cm厚。以熱水稍微川燙後，用篩網撈起備用。
3 平底鍋倒入麻油後以中火加熱，丟入將整顆蒜頭、生薑片，炒到變成褐色。隨後加入步驟**2**拌炒均勻，直到雞肉出現焦色為止。接著加入材料**A**，煮至沸騰後轉小火，蓋上鍋蓋後再煮約10分鐘。
4 拿下鍋蓋，若醬汁已煮出黏稠感，就可丟入羅勒下去粗略拌炒。最後起鍋裝盤，並灑上一味唐辛子調味。

「這道料理是以3種調味料製作而成，故名三杯。甜辣中帶著羅勒的清爽。」

加入大把羅勒享受撲鼻清香

日本很難買到台灣帶有辛香的九層塔，因此我改用日本較常見的羅勒。訣竅是要在收尾時再丟進去炒，這樣才能吃得到羅勒的香味。

韓國

由於工作原因，
我曾有段時間頻繁前往韓國，
當時下班後時常被邀去喝上一杯。
韓國人真的非常喜歡雞肉料理，
專賣店多到令人吃驚，
即使到了深夜，
首爾的炸雞店依舊生意興隆，
人們藉著炸雞與啤酒把酒言歡的情景，
我依舊記憶猶新。
「炸雞＋啤酒」
在韓國又簡稱「雞啤」（치맥），
我那時也很愛雞啤這個組合。
此外，韓式炸雞最不可或缺的配菜
就是「韓式醃蘿蔔」，
濃郁的炸雞與甜醋漬白蘿蔔簡直天作之合，
讓人不由得佩服韓國人的品味。

洋釀炸雞

材料・2人份

雞胸肉…1片（約300g）

A
- 蒜泥…1小匙
- 牛奶、小麥粉…各3大匙
- 酒…1大匙
- 鹽…½小匙
- 胡椒…⅓小匙

B
- 馬鈴薯澱粉…4大匙
- 發粉、砂糖…各½小匙

C
- 蒜泥…1小匙
- 番茄醬、韓式辣椒醬、味醂…各2大匙
- 醬油…1大匙
- 砂糖…1小匙

油炸用油…適量
韓式醃蘿蔔（參照下方）…適量

作法

1 雞肉切成3大塊，再斜切成1cm厚。把雞肉丟入碗中，加入材料**A**抓勻後，於冰箱靜置2小時。
2 混合材料**B**製作麵衣，待步驟**1**回溫後，裹上。
3 鍋中倒入油炸用油並加熱至170度，接著將步驟**2**下鍋，炸約3～4分鐘後起鍋瀝油。
4 平底鍋放入材料**C**並以中火加熱，加入步驟**3**炒勻。起鍋後盛入盤中，最後再添上韓式醃蘿蔔。

韓式醃蘿蔔

有了這道爽口的小菜，炸雞怎麼吃都吃不膩。

材料與作法・2人份

1 將200g的白蘿蔔切成1cm的塊狀，撒上少許的鹽後靜置約15分鐘。
2 於碗中混合醋½杯、水¼杯、砂糖4大匙、鹽½小匙。瀝乾白蘿蔔的出水後，放入此碗中至少浸漬1小時以上。

「韓式炸雞
要裹上較厚的麵衣，
炸出蓬鬆感，
如此才能充分沾附
帶勁的濃郁醬料。」

韓國

韓式雞胸清燉雞湯

材料・容易製作的份量

雞胸肉…2片（約600g）
蔥…2根
馬鈴薯（五月皇后）…2顆
蒜頭…2瓣

A
水…6杯
酒…1杯
昆布（高湯用）…5g
鹽…1小匙

B
韓國辣椒粉、醬油、韓式辣椒醬…各2大匙
魚露、砂糖…各1大匙

小蔥蔥花…5根份
生薑泥…15g
黃芥末…適量

作法

1 1根蔥切碎後，剩下的切5㎝長。
2 馬鈴薯去皮，切成1㎝厚的半月狀，蒜頭則切對半。

3 將雞肉切成3大塊後，再切成一口的大小。

4 鍋中放入材料**A**、步驟**3**以及蒜頭並以中火加熱，煮沸後撈除浮沫，隨後轉小火再煮約20分鐘。接著加入5㎝長的蔥與馬鈴薯，煮到食材變軟為止。

5 混合碎蔥與材料**B**製作醬汁。小蔥蔥花、生薑、黃芥末則佐於一旁，另也能隨喜好佐以醋或醬油。完成後就可將步驟**4**沾著這些醬料享用。

如果覺得料有點少，也可以加入棒狀的韓國年糕，煮到變軟後享用。

「只要以小火慢煮，燉出優質高湯，就算只用雞胸肉，也能煮出濃郁鮮甜的清燉湯品。」

沙嗲串

沙嗲串是印尼當地的經典料理，通常以牛、豬與兔肉等肉類製作而成。由於料理本身的醃料與醬汁都相當濃郁，使用清淡的雞胸，味道能平衡得剛剛好。

材料・2人份

雞胸肉…1片（約300g）

A
- 蒜泥、孜然粉、辣椒粉…各1小匙
- 薑黃粉、沙拉油…各1大匙
- 香菜籽粉…2小匙
- 蔗糖…½大匙
- 粗磨黑胡椒粉…½2小匙
- 鹽…⅓小匙

紅洋蔥…½顆
蒜頭…1瓣

B
- 水…¼杯
- 花生醬（無糖型）…50g
- 蔗糖、番茄醬、醬油…各1大匙
- 醋…1小匙
- 一味唐辛子…少許

沙拉油…1大匙
檸檬瓣…½顆份

作法

1 紅洋蔥、蒜頭切成碎狀。

2 雞肉去皮後，切成1.5㎝厚的塊狀。接著把肉放入碗中，加入材料**A**抓揉均勻後，靜置約1小時。

3 混合材料**B**。以中火加熱平底鍋裡的沙拉油，丟入步驟**1**下去拌炒，炒軟後再加入材料**B**炒勻製成醬料，隨後起鍋備用。

4 稍微清洗平底鍋後，再次以中火加熱。放入步驟**2**，烤到出現焦色就翻面，並繼續烤到整串都帶有焦色為止。最後盛入盤中，佐上檸檬與步驟**3**就完成了。

「肉的醃料使用了數種辛香料，烤的時候會散發非常獨特的香氣。」

「利用優格為基底的醃料醃漬，賦予雞肉軟嫩多汁的口感。」

印度

在很常吃雞的印度，最具代表性的料理就是印度烤雞。每個家庭的醃料配方都各有不同，但只要用上在日本也很受歡迎的孜然，就能瞬間還原出道地風味。

印度烤雞

材料・2人份

雞胸肉…1片（約300g）

A
- 原味優格…4大匙
- 蒜泥…1小匙
- 薑泥…1小匙
- 咖哩粉…½大匙
- 鹽、蜂蜜、紅甜椒粉…各1小匙
- 孜然粉…½小匙
- 一味唐辛子…¼小匙

沙拉油…1大匙
切成半月狀的檸檬片…少許

作法

1 將雞肉帶皮的那面朝下並縱向擺放，劃開較厚的部分，扳開使整塊肉的厚度均等。

2 於塑膠袋中混合材料**A**，接著放入步驟**1**抓揉均勻後，放入冰箱浸漬1天。

3 從步驟**2**的袋中取出雞肉並擦除湯汁。以中火加熱平底鍋裡的沙拉油，把雞肉帶皮那面朝下放入，烤出焦色後就翻面，轉小火再烤個3～4分鐘。

4 起鍋後切成一口大小再盛入盤中，最後可依喜好撒上少許甜椒粉並添上檸檬片。

我在義大利主廚朋友的店裡吃到的米蘭風炸肉排，和我以往吃到的有所不同，麵衣充滿層次，嚐起來齒頰留香，非常可口。雖然該店使用的是小牛肉，但我認為清淡的雞胸肉也很適合這種作法，雞肉充滿嚼勁的口感更是能讓人大飽口福。就算是經濟實惠的雞胸，也能做出一道彷彿餐廳端出來的精緻菜色。

米蘭風炸雞排

材料・2人份

雞胸肉…1片（約300g）
鹽、胡椒…各少許
麵包粉…80g
起司粉…2大匙
雞蛋…2顆
小番茄…4顆
芝麻菜…適量

A
橄欖油…1大匙
紅酒醋…2小匙
鹽…1撮
胡椒…少許

橄欖油…4大匙
檸檬…¼個

作法

1 用手把麵包粉捏得細碎，與起司粉充分混合後，放入料理方盤中。

2 雞肉去皮後，斜切成4等分的薄片。接著一片片隔著保鮮膜，用擀麵棍或瓶子等工具把肉敲扁至5㎜厚，隨後於單面撒上鹽、胡椒調味。

3 在另一個料理方盤中打散雞蛋。將步驟**2**放入步驟**1**的方盤中，使肉片充分沾附起司麵包粉後，浸入蛋液方盤。滴掉多餘的蛋液後，再沾一次步驟**1**。最後依序再各沾一次蛋液與步驟**1**後，就來替肉片塑形。

4 以中火加熱平底鍋中的橄欖油，接著整齊擺入步驟**3**。等出現恰到好處的金黃色時，就翻面再稍微烤一下，直到另一面也出現相同的顏色後就能起鍋。

5 於碗中混合材料**A**。小番茄剖半後，連同芝麻菜一起加入材料**A**的碗中快速翻拌。把碗裡的蔬果與步驟**4**一同盛入盤中，最後佐上檸檬就能上菜了。

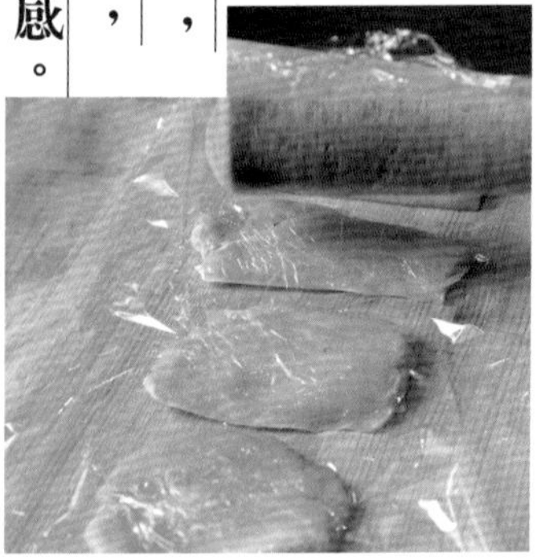

厚度敲到1㎝以下，徹底破壞肌肉纖維，使肉擁有柔嫩的口感。

用竹籤勾住肉片的邊緣，來回沾取麵包粉與蛋液，裹出均勻平整的麵衣。

「散發起司香的酥脆麵衣保證是極品美味。」

法國

歐美國家與日本不同，雞胸肉是比雞腿肉更受歡迎的部位，價格也自然偏高。至於原因則眾說紛紜，有的說是因為雞胸的脂肪少比較健康，有的則認為是與帶骨販售的雞腿肉相比，雞胸更容易處理等。於是在法國當然也有許多雞胸料理，然而其中又屬以低溫烹煮的油封雞胸最為鮮嫩多汁，推薦各位做來品嚐看看。此外，這道菜還能保存起來，日後用於其他料理，可說是既好吃又方便。

油封雞胸

材料・2人份

雞胸肉…2片（約600g）

A
- 蒜泥…1小匙
- 月桂葉…1片
- 鹽…2½小匙
- 香菜籽粉…2小匙
- 白胡椒…½小匙
- 水…2大匙

沙拉油…適量
西洋菜…½把
檸檬…適量
顆粒芥末…適量

作法

1 於塑膠袋中充分混合材料A，接著放入雞肉並抓揉均勻，隨後押出袋內空氣並封口，於冰箱靜置半天。
2 取出雞肉，清洗並擦除水分。
3 將步驟2放入鍋中，倒入沙拉油，直到高度淹過雞肉。開火加熱，使溫度始終維持在85度並燉煮約1小時，隨後熄火並放到冷卻。
4 平底鍋以中火加熱，從油鍋裡取出步驟3，把帶皮的那面朝下放入，等皮煎烤到金黃酥脆後，即可起鍋裝盤。最後配上西洋菜、檸檬、顆粒芥末後即可享用。

用85度的油煮1小時能讓肉保持彈性，同時鎖住水分。

充分煎烤表皮。正因為採用油封手法料理，才能煎得如此酥脆。

保存後 用途廣泛

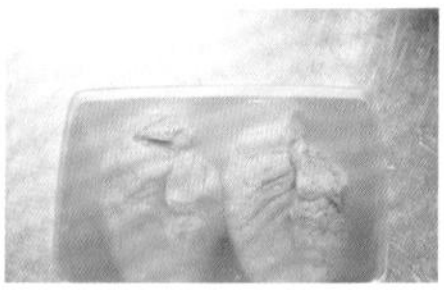

如果目的是用於保存，請於步驟3的冷卻後，把肉放入密封容器，並加入足以淹過肉塊的油量，蓋上蓋子後放入冰箱冷藏。泡著油能更好地保存。之後各位可以像步驟4一樣煎來吃、撕成容易食用的大小後丟入沙拉，或者切成薄片夾進三明治裡等。此外，浸漬用的油還能拿來炒菜，可謂是一舉數得。

約可保存 10 天

「先用油燉煮出
口感軟嫩的雞胸，
再煎烤表皮，
如此就能同時
享受多汁的肉質與
金黃香脆的雞皮。」

法國

奶油燉雞

材料・2人份

雞胸肉…1片（約300g）
鹽、胡椒…各適量
小麥粉…適量
洋蔥…½顆
蘑菇…5朵
香菇…2朵
青豌豆…50g
培根…4片
白酒…½杯
西式高湯※…1½杯
鮮奶油…¾杯
溶水馬鈴薯澱粉…1大匙
奶油…40g
沙拉油…1大匙

「這道法國人氣家庭料理建議搭配麵包享用，把充滿雞肉鮮甜的醬汁吃得一滴不剩。」

作法

1 洋蔥切成1㎝的塊狀。蘑菇切成薄片，香菇去蒂後切成4等分。培根則切成1㎝寬。

2 雞肉切成3大塊後，斜切成1㎝厚。隨後撒上少許的鹽、胡椒，裹上小麥粉。

3 於平底鍋中放入20g的奶油並以中火加熱，將步驟**2**攤平後下鍋。出現焦色後翻面，待肉整塊都帶有焦色後，隨即起鍋備用。

4 接著倒入沙拉油、步驟**1**快速翻炒，並加入白酒。煮沸後加入西式高湯，用木鏟一邊刮起黏在平底鍋上的焦痕，一邊拌炒均勻。隨後重新放入步驟**3**，並以小火燉煮約20分鐘。

5 加入鮮奶油、20g的奶油以及青豌豆後，再煮約5分鐘，同時用鹽、胡椒調味。最後加入溶水馬鈴薯澱粉製作勾芡。

※西式高湯＝將西式高湯原料（顆粒）按商品說明溶解而成。

第3章 如何將雞胸肉保存並物盡其用

用鹽糖水、味噌醃床醃漬，或製作沙拉用雞肉等，
只要稍微多下點功夫，不僅能讓肉質口感變得更好，
還能吃到比以往更濃郁的雞胸肉鮮味。
此外，雞胸絞肉和雞皮也是非常優異的鮮味食材。
本章就來教大家如何把雞胸肉的價值發揮到極致。

鹽・糖・水・醃漬後的肉質會變得驚人地柔軟

利於保存的鹽、能鎖住水分的砂糖，還有水。將這三者以均衡比例混合後，再把肉浸入其中，如此簡單的步驟，卻能讓肉質嫩得出奇，實在非常厲害。而且用此方法不僅醃出來味道不會太重，又能延長保存期限，因此無論之後要製作哪種料理，建議都可以先以鹽糖水醃漬備料。

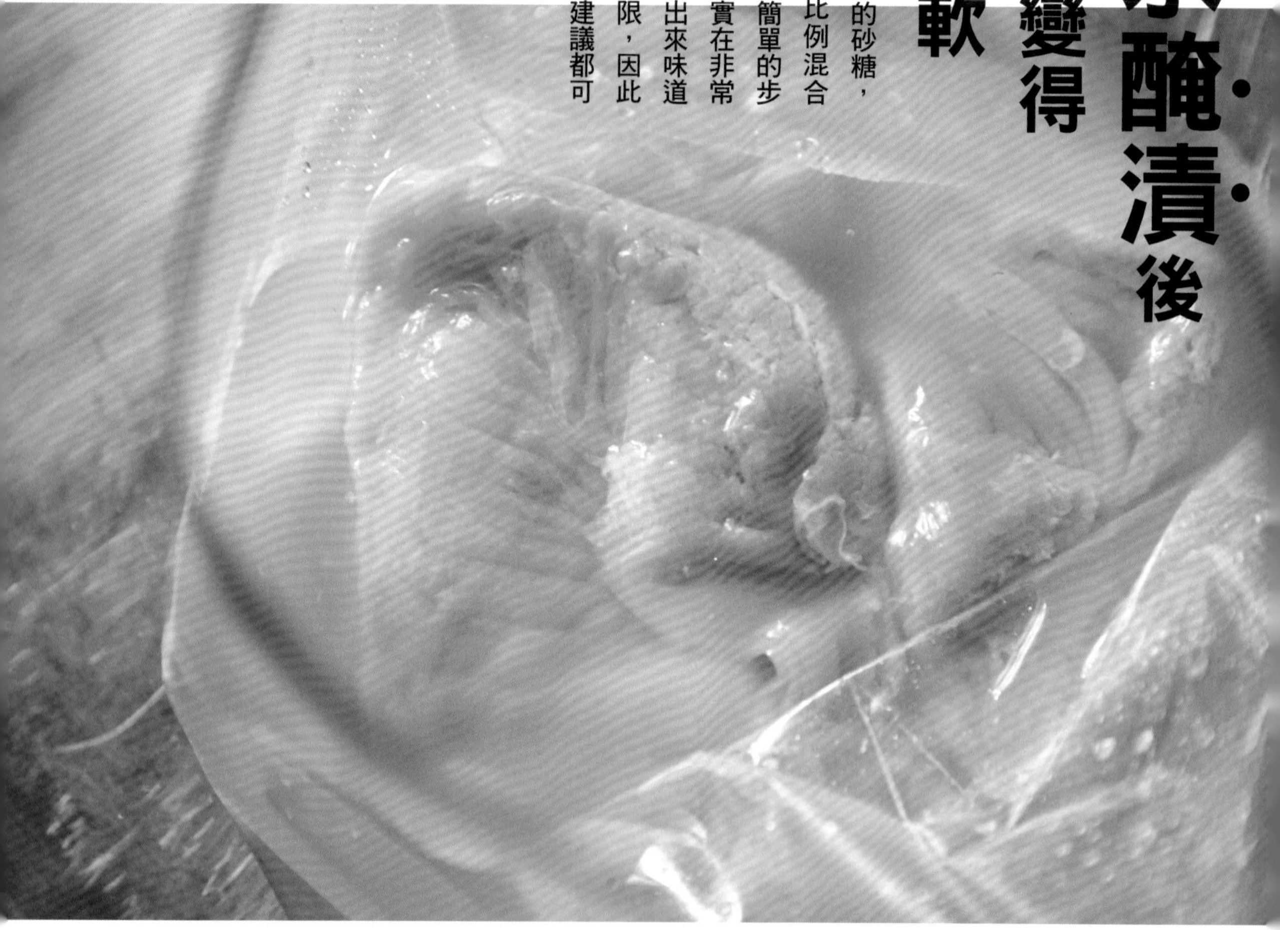

鹽糖水漬雞胸

材料・容易製作的份量

雞胸肉…3片（約900g）

A
- 水…1½杯
- 鹽…9g（水重量的3%）
- 砂糖…15g（水重量的5%）

作法

1 雞肉去皮。

2 混合材料**A**，把鹽與砂糖溶解。

3 將步驟**1**、**2**全都放入夾鏈袋中，押出空氣後封口，於冰箱靜置1天。

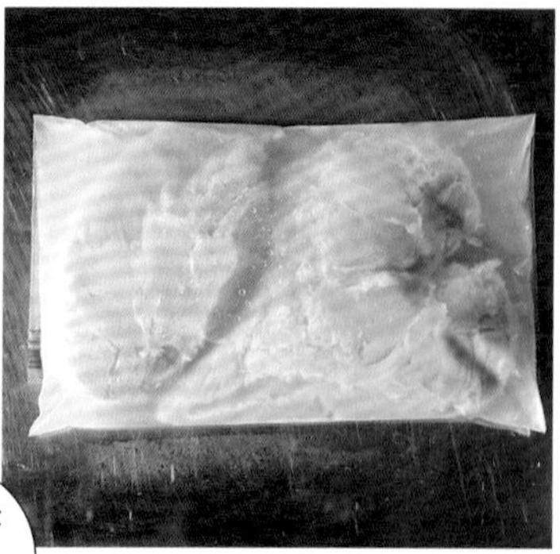

約可保存 **5**天

放在料理方盤上，再送入冰箱保存。由於味道會愈醃愈濃，建議第2天以後，就要把鹽糖水倒掉。

雞肉天婦羅

厚厚的麵衣輕柔地
包住軟嫩雞胸

材料・2人份

鹽糖水漬雞胸…1片

A
- 蒜泥…½小匙
- 薑泥…½小匙
- 酒、麻油…各1大匙
- 醬油…1小匙

小麥粉…適量

B
- 水…60㎖
- 雞蛋…1顆
- 小麥粉…3大匙
- 馬鈴薯澱粉…2大匙

油炸用油…適量
日式黃芥末泥…適量

C
- 醋…2大匙
- 醬油…1大匙
- 味醂…½大匙

作法

1 雞肉切成3大塊，接著斜切成1㎝厚。將肉塊放入碗中，加入材料**A**抓揉均勻後，靜置約15分鐘。

2 在另一個碗中打入材料**B**中的雞蛋，隨後加入剩下的材料**B**攪拌均勻以製成麵衣。擦除步驟**1**的湯汁，裹上一層薄薄的小麥粉，然後再浸入麵衣中。

3 鍋中倒入油炸用油，加熱到170度後，放入步驟**2**，中途一邊翻面炸約3～4分鐘，隨後起鍋瀝油。

4 依喜好於盤中擺上高麗菜絲，盛入步驟**3**，再佐上日式黃芥末泥。混合材料**C**製作醬汁，裝入另個容器並添於一旁。

檸檬奶油煎雞胸

滑嫩多汁的口感中
散發著清爽風味

材料・2人份

鹽糖水漬雞胸…1片
小麥粉…適量
檸檬…1顆
白酒…¼杯

A
- 味醂…1½大匙
- 淡口醬油…1小匙

奶油…15g
碎歐芹…少許
粗磨黑胡椒粉…少許
沙拉油…1大匙

作法

1 檸檬去皮後，將其中的⅔切成薄片，剩餘的則榨汁。

2 雞肉斜切成1㎝厚。擦除水分，然後再裹上小麥粉。

3 以中火加熱平底鍋裡的沙拉油，將步驟**2**雙面都煎到恰到好處的焦度。倒入白酒並煮至沸騰後，加入材料**A**、奶油與步驟**1**，一邊晃動平底鍋一邊收汁，直到湯汁出現濃稠感。

4 起鍋裝盤，最後撒上碎歐芹、黑胡椒就完成了。

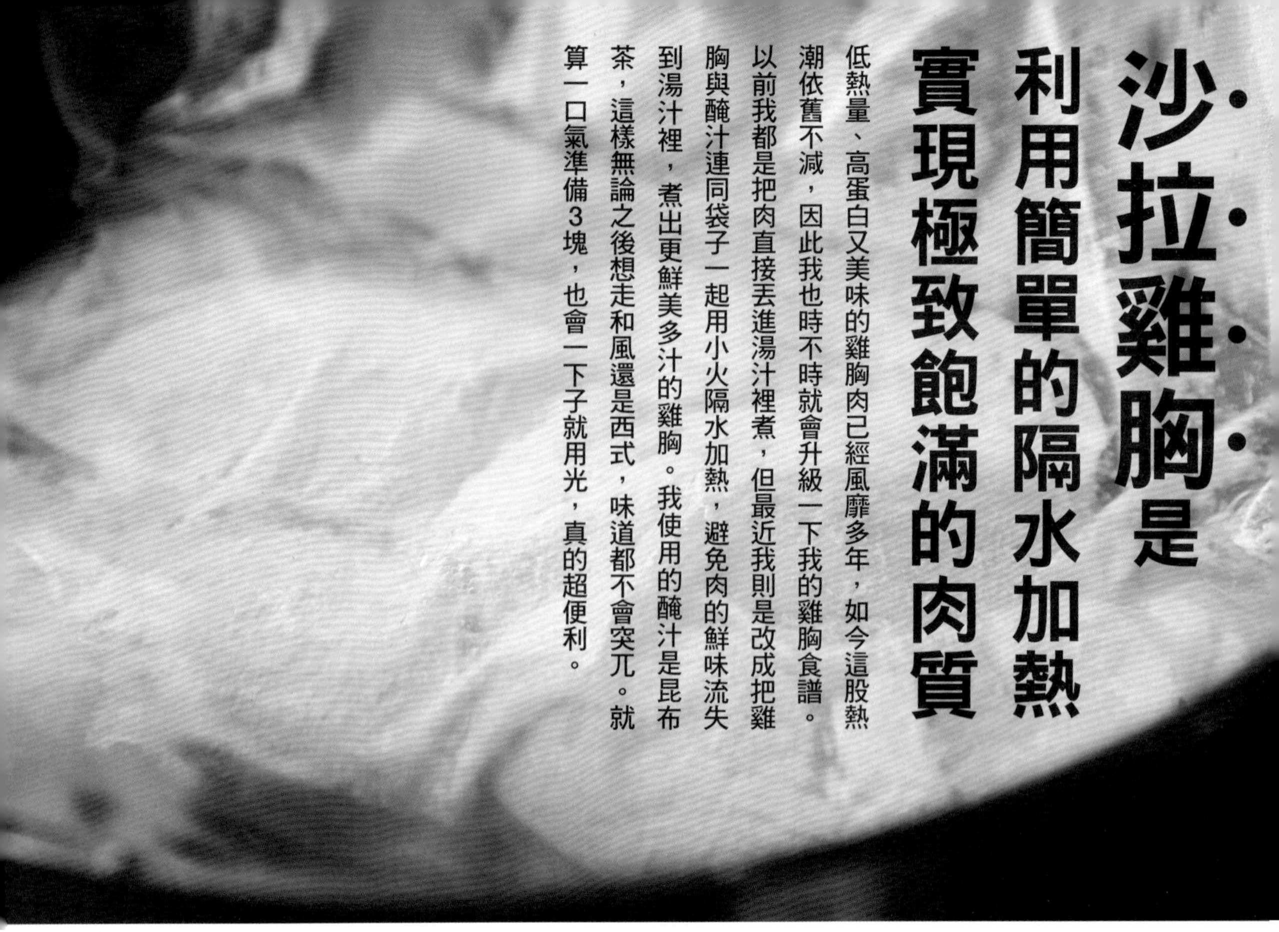

沙拉雞胸是利用簡單的隔水加熱實現極致飽滿的肉質

低熱量、高蛋白又美味的雞胸肉已經風靡多年，如今這股熱潮依舊不減，因此我也時不時就會升級一下我的雞胸食譜。以前我都是把肉直接丟進湯汁裡煮，但最近我則是改成把雞胸與醃汁連同袋子一起用小火隔水加熱，避免肉的鮮味流失到湯汁裡，煮出更鮮美多汁的雞胸。我使用的醃汁是昆布茶，這樣無論之後想走和風還是西式，味道都不會突兀。就算一口氣準備3塊，也會一下子就用光，真的超便利。

沙拉雞胸

材料・容易製作的份量

雞胸肉…3片（約900g）

酒…¾杯

A

水…¾杯

生薑汁…1大匙

蒜泥…⅔小匙

砂糖…1½大匙

醋、鹽…各1大匙

昆布茶…2小匙

胡椒…½小匙

作法

1 鍋中倒入酒並以中火煮開讓酒精揮發後熄火冷卻。接著倒入碗裡，加入材料**A**充分拌勻。

2 雞肉去皮後切成3等分，然後用叉子在整塊肉上戳洞。

3 把步驟**2**放入耐熱袋，加入步驟**1**抓揉均勻後，押出空氣並封口，隨後於冰箱靜置1天。

4 鍋中放入耐熱器皿，等水煮開後，將步驟**3**連同袋子一起用小火煮約5分鐘。接著靜置冷卻，利用餘熱悶熟雞肉。

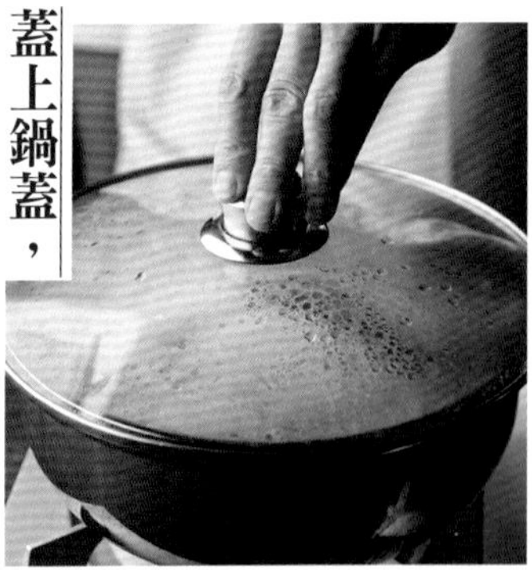

蓋上鍋蓋，利用餘熱慢慢把肉悶熟。

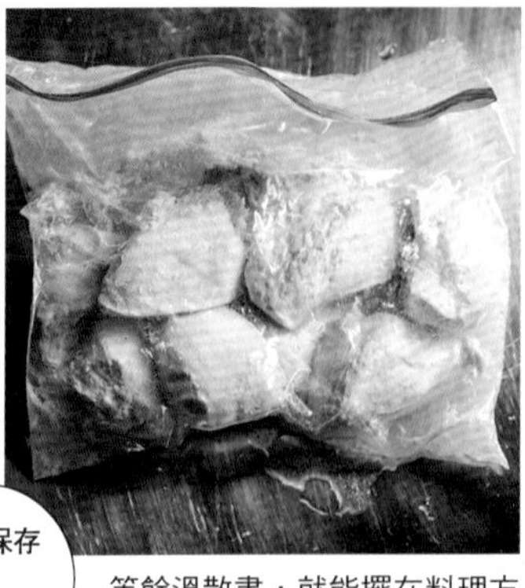

等餘溫散盡，就能擺在料理方盤上，送入冰箱保存。

約可保存 **5**天

◎您也可以這樣吃

用這種方法煮出來的雞肉飽滿又柔軟，很適合高齡者攝取，用以預防蛋白質不足。健身中的人也可利用沙拉雞胸來代替麵包或米飯。

若覺得缺乏蛋白質
做這道菜準沒錯

雞蛋沙拉

材料・2人份

沙拉雞胸⋯2塊
雞蛋⋯2顆
A
美乃滋⋯3大匙
淡口醬油⋯1小匙
砂糖、日式黃芥末泥⋯各½小匙
胡椒⋯少許
萵苣、小番茄⋯各適量

作法

1 雞蛋煮成全熟的水煮蛋，剝殼、剖半後，分開蛋黃與蛋白，並把蛋白切碎。
2 碗裡加入蛋黃與材料A拌勻，接著加入碎蛋白，沙拉雞胸用手撕碎後也加入碗中，然後快速拌勻。
3 於器皿擺上萵苣，盛入步驟2，最後再添上小番茄就完成了。

豆苗、蘘荷、梅子昆布的涼拌菜

材料・2人份

沙拉雞胸⋯2塊
豆苗⋯½包
蘘荷⋯2朵
酸梅干（鹽分10％）⋯1顆
A
沙拉油、醋⋯各1大匙
醬油⋯1小匙
鹽昆布⋯10g
乾炒白芝麻⋯適量

作法

1 酸梅干去籽後，用菜刀拍成泥狀，接著連同材料A一起放入碗中混合均勻。
2 豆苗去根後，對切成全長的一半。蘘荷縱向對半切後，再縱向切成細絲。沙拉雞胸肉則用手撕碎。
3 於新碗中加入步驟2快速翻拌，隨後加入步驟1、鹽昆布，繼續混合均勻。盛入器皿，最後灑上白芝麻就完成了。

品味軟嫩雞肉與
清脆蔬菜的不同口感

味噌醃漬後能提升口感同時逼出肉的鮮味

人們自古就會利用味噌醃漬的方式來延長食物的保存期限。而將雞胸肉放入味噌醃床裡醃漬，不僅有利於增添濃郁感、鮮味，還能去除多餘的水分，使肉質更富彈性。但要注意醃漬天數愈長，味道就愈濃郁，醃到第二天還可以烤來吃，第三天以後就建議用於清炒料理。此外，用過的味噌醃床還能再用一次，不過要稍微拉長醃漬時間。

味噌漬雞胸

材料・容易製作的份量

雞胸肉…3片（約900g）

A
- 味噌…100g
- 酒…40mℓ
- 砂糖…40g

作法

1 雞肉去皮後切成3等份。

2 充分混合材料A。

3 把步驟1、2放入夾鏈袋中，兩者混合均勻後，押出空氣並封口，接著放入冰箱靜置1天。

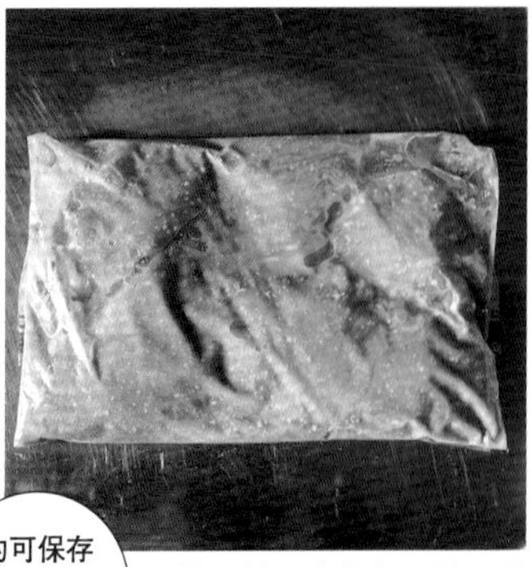

擺在料理方盤上，送入冰箱保存。

約可保存5天

◎您也可以這樣吃

各位可以把一塊味噌漬雞胸與喜歡的蔬菜一起煎烤，製作便當菜。這時由於雞胸肉已經很夠味，蔬菜就無須再做調味。

簡單烤過就是一道極品

香烤味噌雞胸

材料・2人份

味噌漬雞胸…2塊
沙拉油…1大匙
白蘿蔔泥…適量
醋橘…½顆
一味唐辛子…少許

作法

1 擦除雞胸上的味噌後，切成1㎝厚。

2 以中火加熱平底鍋裡的沙拉油，接著排入步驟**1**，煎烤到雙面都帶有焦色為止。

3 把煎好的肉盛入盤中，佐上白蘿蔔泥，在泥上撒點味唐辛子，醋橘切半後也添於一旁。

小黃瓜炒雞胸

材料・2人份

味噌漬雞胸…2塊
小黃瓜…2根
蔥…⅓根
A 酒…2大匙
　馬鈴薯澱粉…1大匙
鹽…少許
麻油…1大匙

作法

1 將小黃瓜灑上鹽（額外）後，在砧板上滾動磨皮，然後用水沖洗乾淨。接著把小黃瓜縱向剖半。挖除瓜籽，再斜切成薄片。蔥也是切成薄片。

2 擦除雞胸上的味噌後，切成1㎝的四角棒狀，並與材料**A**抓揉均勻。

3 中火加熱平底鍋裡的麻油，倒入步驟**2**拌炒，等肉炒到鬆軟且柔透後，加入步驟**1**並撒鹽快速拌炒。

水潤的小黃瓜
能讓味道具有濃淡變化

雞胸絞肉能燉出無比鮮美的湯品

在中國料理中，顏色澄澈的湯品叫清湯。一般多是以雞骨熬製而成，但我認為雞肉中鮮味強烈的雞胸也很適合用來熬湯。而且如果用雞骨熬湯，要耗費1個小時，改用絞肉的話，則只需約15分鐘就能完成。也就是說，用雞胸絞肉就能輕鬆熬出一鍋味道無比鮮甜的清湯。建議各位可以先直接品嚐原味，然後再加入蔬菜或豆腐享用，或者拿來作為拉麵的湯底也非常出色。此外，剩下的絞肉也能加以運用，完全不會浪費食材。

雞胸絞肉清湯

材料・容易製作的份量

雞胸絞肉…200g
蔥的蔥綠部分…1根份
昆布（高湯用）…5g

A
水…4杯
酒…3大匙
味醂、淡口醬油…各1大匙

B
鹽…少許

作法

1 預先拌好材料A。於碗中放入絞肉，然後一點點地加入材料A，同時用手充分抓揉均勻。

2 將絞肉移入鍋內，加入蔥、昆布並以中火加熱。用木鏟一邊攪拌一邊燉煮，沸騰後徹底撈除浮沫，接著轉小火再煮約10分鐘。

3 把湯過篩之後，加入材料B快速攪拌。

訣竅是加熱前要讓絞肉與水分充分混合，攪拌時不要一口氣倒入，而是一點點地添加。

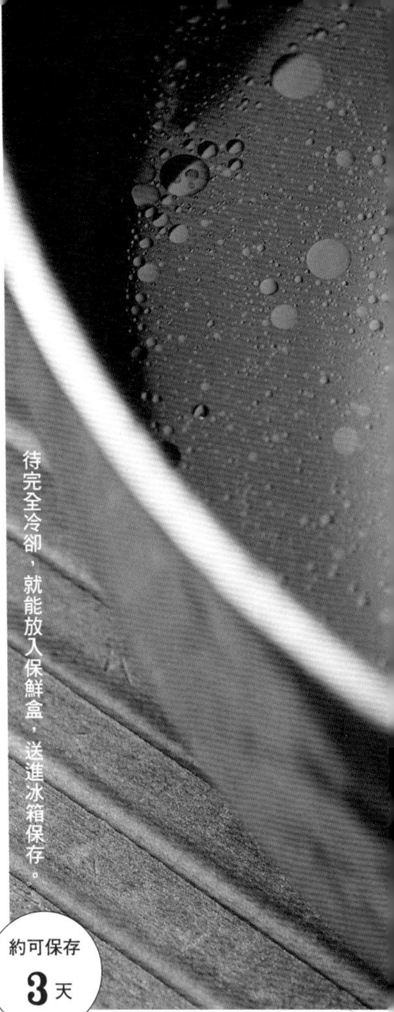

待完全冷卻，就能放入保鮮盒，送進冰箱保存。

約可保存 **3**天

一開始要不斷攪拌，以免絞肉黏在鍋底。

當絞肉變硬成成許多小顆粒，且湯汁呈現透明時，就代表已經完成。

剩下的絞肉可製成

萬能肉燥

雞胸肉燥的口感鬆軟卻很有嚼勁，可作為清炒料理的配料等，用途十分廣泛。

約可保存 **5**天

待完全冷卻，就能放入保鮮盒，送進冰箱保存。

材料與作法

1 蔥⅓根、蒜頭1瓣、生薑10g全部切碎。

2 把2大匙的蠔油，各1大匙的砂糖、酒、味噌，以及少許一味唐辛子全部混合均勻。

3 於平底鍋加入1大匙沙拉油並以小火加熱，接著丟入步驟**1**拌炒，出現香氣後，加入**燉湯剩下的絞肉**，然後繼續拌炒。等絞肉變得鬆散就轉中火，隨後倒入步驟**2**再翻炒約1分鐘就完成了。

淋在豆腐上

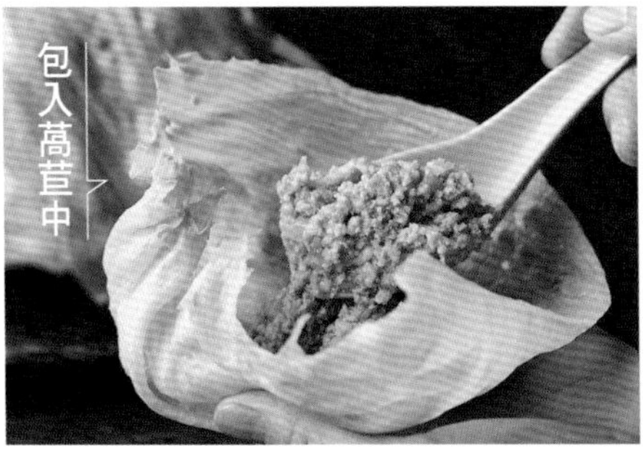

包入萵苣中

雞皮・能當成高湯包使用

雞皮本身就充滿鮮味，所以丟掉沒用到的雞皮未免太可惜了。學徒時期，我在店裡學到一項善用雞皮的技巧，先將雞皮捲成一個個小捲，用保鮮膜包好後冷凍保存即可（p.11）。之後烹飪時，如果覺得欠缺風味，就可以加入冷凍雞皮來提味，或是作為料理中的配料。善用雞皮，就能變化出美味佳餚！

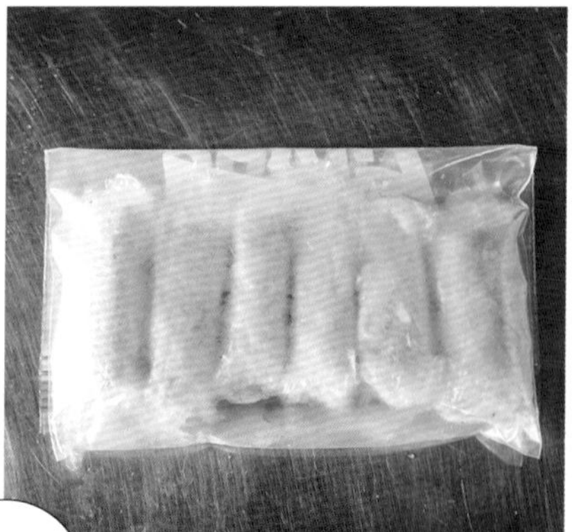

約可保存 **1** 個月

雞皮白蘿蔔燉高湯

材料・容易製作的份量

雞皮（冷凍・p.11）…3片

白蘿蔔…400g

A
- 高湯…4杯
- 味醂、醬油…各3大匙
- 砂糖…1小匙

日式黃芥末泥…少許

甜而辣的風味不僅下飯
也很適合小酌

辣炒雞皮與蒟蒻

材料・2人份

雞皮（冷凍・p.11）…3片
蒟蒻…1片
紅辣椒切圈…1大匙
A
酒…3大匙
醬油…2大匙
砂糖…1½大匙
麻油…1大匙

作法

1 雞皮自然解凍至半解凍狀態後，切成5㎜寬。

2 用手把蒟蒻撕成一口大小後下水預煮，沸騰後煮約10分鐘，隨後用篩網撈起，瀝乾水分備用。

3 以中火加熱平底鍋裡的麻油，丟入步驟**1**、**2**以及辣椒下去拌炒。等食材全都上油後，加入材料**A**並翻炒到完全收汁為止。

白蘿蔔能完全吸收
雞皮的鮮味

作法

1 白蘿蔔去皮並切成3㎝厚的半月狀，下水預煮到變軟後，瀝乾水分備用。

2 鍋中放入材料**A**、步驟**1**與冷凍狀態的雞皮，以大火加熱。煮沸後轉小火，然後繼續小滾約20分鐘，接著熄火並冷卻至室溫。

3 取出雞皮切成一口大小後再次丟回鍋中，用大火煮到沸騰就熄火。將料理盛入碗中，最後佐上日式黃芥末泥一同享用。

雞皮竹筍蒸飯

材料・3～4人份

雞皮（冷凍・p.11）…3片
水煮竹筍…1根
白飯…2合（360㎖）
A
水…340㎖
昆布（高湯用）…5g
酒、淡口醬油…各2大匙
山椒葉…少許

作法

1 預拌材料**A**。白米在要煮的30分鐘前洗好，用篩網濾起備用。

2 竹筍切成一口大小並粗略清洗，下水預煮至沸騰後，瀝乾水分備用。

3 土鍋中放入白米，以及除昆布以外的材料**A**後拌勻，接著大範圍鋪上步驟**2**，再擺上冷凍狀態下的雞皮與昆布。蓋上蓋子以大火加熱，煮沸後轉中火煮5分鐘，隨後轉小火炊煮15分鐘，熄火後再悶蒸5分鐘。

4 取出雞皮與昆布，切成細絲後丟回鍋中，接著大力翻拌均勻。把飯盛入碗中，最後綴上山椒葉就完成了。

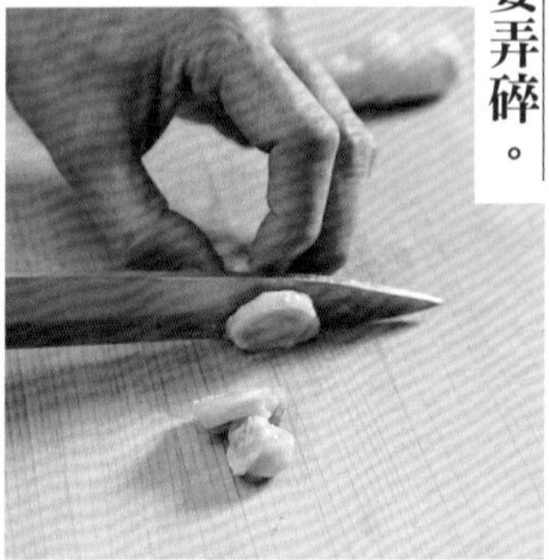

為讓雞皮保持圓圈狀，切細時要小心不要弄碎。

昆布切細後，也能成為很棒的配料。

用雞皮替口感絕佳的竹筍增添鮮味

第4章 雞胸肉的高級下酒菜

清淡的雞胸無論弄成鹽味還是辣味都很適合，
而且還能根據不同切法自由變形，創造豐富視覺饗宴。
綜上所述雞胸肉絕對是製作下酒菜時的上等食材。
另外，本章食譜最後還有列出適合搭配的美酒，
歡迎作為參考。

「在炸得酥脆的雞胸上，淋上大量辣度適中的芡汁，重現京都中華料理店令人難忘的味道。」

日式黃芥末雞排

材料・2人份

雞胸肉…1片（約300g）
鹽、胡椒…各少許
蛋液…1顆份
小麥粉…2大匙
馬鈴薯澱粉…適量

A
高湯…1½杯
醋…2大匙
味醂、淡口醬油…各1½大匙
豆瓣醬、日式黃芥末泥…各1小匙

沙拉油…適量
溶水馬鈴薯澱粉…2大匙
萵苣…2片

作法

1 萵苣切細後，過水增加爽脆感，接著瀝乾水分，放入冰箱冷藏。

2 將雞肉劃開較厚的部分，扳開使整塊厚度均等。撒上鹽和胡椒調味，放入碗中與蛋液抓揉均勻，隨後加入小麥粉繼續揉勻，最後撒上馬鈴薯澱粉並靜置約5分鐘。

3 於平底鍋中放入深2㎝的沙拉油並以中火加熱，把步驟**2**帶皮的那面朝下放入並炸約3分鐘，隨後翻面再炸3分鐘即可起鍋瀝油。瀝好後，把雞肉切成好入口的大小。

4 鍋子裡倒入材料**A**並以中火加熱，煮沸後，加入溶水馬鈴薯澱粉製作勾芡。

5 盤中鋪上步驟**1**，盛入步驟**3**，最後再淋上步驟**4**就能上桌了。

建議搭配啤酒或紹興酒

「為拓展味道的多樣性，我果斷採用鹽烤，以便做出酸味、辣味、清爽等口味變化。」

3種風味烤雞串

材料・2人份

雞胸肉…1片（約300g）
鹽…少許
青紫蘇…5片
酸梅乾…2顆
A 白蘿蔔泥…2大匙
　柚子胡椒…½小匙
山葵醬…少許
檸檬…適量

作法

1 青紫蘇切絲，稍微清洗後，瀝乾水分備用。酸梅乾則去籽後，用菜刀拍碎。
2 攪拌混合材料**A**。
3 雞肉去皮後切成一口大小，6枝竹籤每枝各串上3～4塊，然後撒鹽調味。
4 平底鍋以中火加熱，把步驟**3**排入鍋裡煎烤。等出現焦色就翻面，一直烤到整體都帶有焦色且熟透為止。
5 將雞串裝盤，2枝搭配梅肉與青紫蘇、2枝沾山葵，剩下最後則添上步驟**2**並佐以檸檬。

建議搭配檸檬沙瓦或啤酒

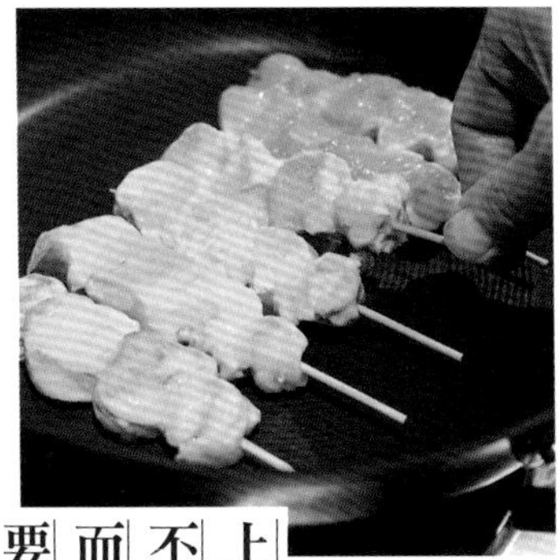

上下翻面的時機不是看烤多久，而是取決於焦色，要根據整體焦色是否均勻做判斷。

香煎雞肉納豆捲

材料・2人份

雞胸肉…1片（約300g）
鹽…少許
碎納豆（附醬汁）…2盒
小蔥…3根
烤海苔（全形）…2片
白蘿蔔泥…100g
醋橘…1顆
醬油…少許

作法

1 把納豆和隨附的醬汁與日式黃芥末泥攪拌均勻，小蔥切圈後也加入一起攪拌。
2 雞肉去皮後，斜切成薄片並灑鹽調味。
3 烤海苔切半。拿起其中一半海苔豎向擺放，於上端預留約3㎝，剩下的部分則用¼的步驟2鋪滿。接著在離下端稍有距離的位置，橫向添上¼的步驟1，最後由下而上捲起。
4 平底鍋以中火加熱並排入步驟3，一邊滾動一邊烤，直到肉全都熟透為止。
5 把起鍋的雞肉捲切成一口大小，佐上白蘿蔔泥並淋上醬油，醋橘剖半後也添於一旁。

建議搭配冰清酒

「這道菜的靈感來源於能一口吞的壽司捲，整捲採細緻慢烤，風味絕佳。」

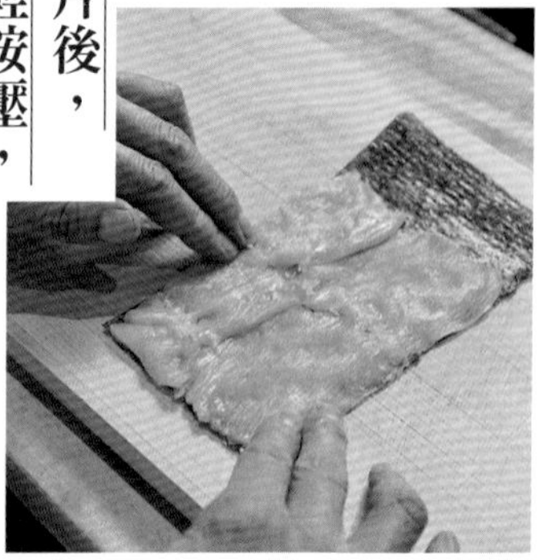

擺上雞肉薄片後，要用指尖輕輕按壓，使其服貼於海苔上。

納豆要添在離下端稍有距離的位置，這樣比較容易包捲。

冰鎮水晶雞配土佐醋凍

材料・2人份

雞胸肉⋯1片（約300g）
馬鈴薯澱粉⋯適量
小黃瓜⋯1條
秋葵⋯4條
鹽⋯適量
吉利丁片⋯3g

A
高湯⋯½杯
醋⋯2大匙
砂糖、味醂、淡口醬油⋯各1大匙

作法

1 吉利丁按包裝標示泡發。於鍋中放入材料**A**並以中火加熱，煮沸後加入吉利丁攪拌，待其化開後就熄火。接著讓鍋底接觸冰水，使內容物冷卻凝固。

2 小黃瓜切成圓片狀後，撒鹽抓揉，隨後瀝乾水分備用。於砧板上撒鹽，把秋葵放在鹽上滾除細毛後，用熱水川燙及冰水冰鎮，最後擦除水分並切圈備用。

3 雞肉去皮切成3大塊，接著斜切成1㎝厚。裹上馬鈴薯澱粉，用熱水煮約1分鐘，再用冰水冰鎮並擦除水分。

4 於食器中擺入步驟**3**與**2**，最後綴上弄碎的步驟**1**就完成了。

建議搭配冰清酒

下水前先裹上一層薄薄的馬鈴薯澱粉，煮出滑嫩口感。

冷盤下酒菜的食材要確實冰鎮。用冰水冰過後，雞肉也會更有光澤感。

「晶亮的雞肉與口感爽脆的蔬菜，配上柴魚湯底的果凍，一盤精緻的下酒菜就此誕生。」

用「高湯雞胸」製作一道能快速上桌的菜餚

「高湯雞胸」真的是超級方便的食材。不僅製作輕鬆、肉質鬆軟，搭配任何食材、調料也都能相得益彰。

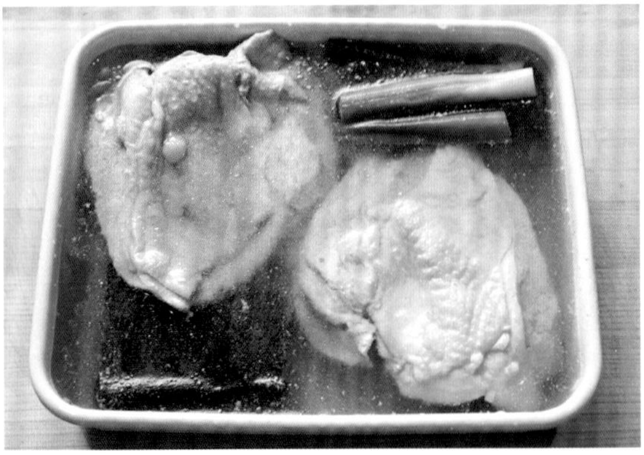

欲把雞肉用於下酒菜或小菜時，為方便與其他食材混勻，建議將肉撕成小塊。當然各位也可以切成1㎝厚直接吃（p.12），或是淋上香辣醬汁製成口水雞（p.42）等主菜來享用。

雞胸錦木涼拌菜

「散發山葵馨香的珍品，添在飯上一起吃也很不錯。」

材料・2人份

高湯雞胸（p.12）…½片
白蘿蔔…100g
青紫蘇…3片
烤海苔（全形）…½片
柴魚片…5g
山葵醬…1小匙
醬油…2小匙

作法

1 白蘿蔔磨泥並瀝除多餘水分。青紫蘇切細。海苔則撕成細碎狀。
2 用手撕碎高湯雞胸。
3 在碗中放入步驟**1**、**2**，加入柴魚片、山葵醬與醬油，然後快速拌勻。

建議搭配冰清酒

雞胸涼拌西洋菜與奇異果

「利用水果甜味，完成一道精湛佳餚。」

材料・2人份

高湯雞胸（p.12）…½片
西洋菜…½把
奇異果…1顆
A
- 橄欖油…1大匙
- 檸檬汁…½大匙
- 鹽…2撮
- 粗磨黑胡椒粉…少許

作法

1 摘下西洋菜的葉片，接著用手撕碎高湯雞胸。
2 在碗裡加入材料**A**拌勻。奇異果去皮並用叉子等工具弄碎成粗泥狀後，也倒入碗中攪拌。最後再加入步驟**1**一起快速拌勻後就完成了。

建議搭配白葡萄酒或香檳

雞胸涼拌蓮藕與明太子

「多汁雞胸與爽脆蓮藕，迸出驚人好滋味。」

材料・2人份

高湯雞胸（p.12）…½片
蓮藕…100g
辣味明太子…適量
A
- 麻油、味醂、淡口醬油…各1小匙
- 乾炒白芝麻…少許

作法

1 蓮藕去皮，切成銀杏葉形的薄片，隨後用熱水川燙，再用篩網撈起瀝乾備用。
2 用手撕碎高湯雞胸。撕除辣味明太子的薄膜並將其弄碎。
3 於碗中加入步驟**1**、**2**與材料**A**，然後快速拌勻。盛入器皿，最後撒上芝麻即可。

建議搭配日本燒酒

「用油炸豆皮包捲食材的『信田卷』是道傳統和風小菜。飽含美味高湯的雞胸肉也是水嫩多汁。」

水煮信田卷

材料・2人份

雞胸肉…1片（約300g）
油炸豆皮…3片
四季豆…6根
A 高湯…1½杯
味醂、醬油…各1½大匙
砂糖…1大匙

作法

1 四季豆用熱水川燙，隨後用篩網撈出，等餘熱散去，就切去頭尾備用。

2 用同一鍋熱水川燙油炸豆皮，煮掉油脂後，起鍋擰掉水分。接著保留1長邊，剩下3邊切開，使豆皮攤開呈正方形。

3 雞肉去皮後，切成6條1㎝的四角棒狀。

4 攤開1片油炸豆皮，於下端橫向擺上2根步驟**1**與2條步驟**3**後，從下端開使包捲，捲好後用牙籤固定3處。並用同樣方法製作共3條信田卷。

5 把信田卷放入鍋中，加入材料**A**並以中火加熱。煮沸後轉小火，蓋上鋁箔紙防沸，然後繼續煮約10分鐘後熄火冷卻。等餘熱散盡，即可抽掉牙籤並切成一口大小。

建議搭配熱清酒

就算雞胸肉超出油炸豆皮也沒關係，重點是要讓粗度均等。

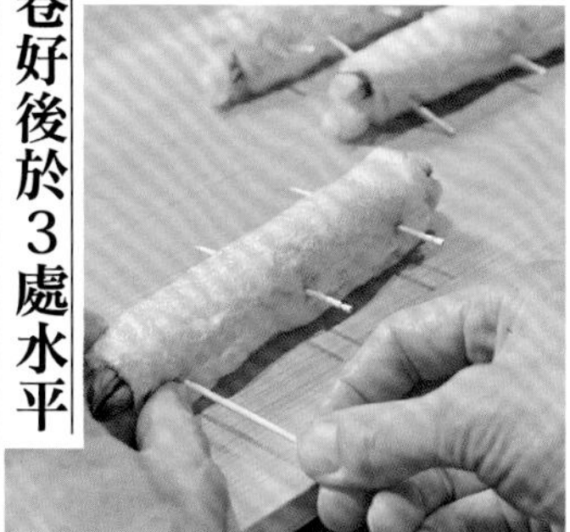

卷好後於3處水平插入牙籤來加以固定，以便煮出漂亮的形狀。

「這道菜參考了烤肉店的青蔥牛舌，肉的醃料使用麻油，風味絕對醇厚。」

香煎蔥鹽雞胸

材料・2人份

雞胸肉…1片（約300g）

A
- 蒜泥…1小匙
- 麻油…1½大匙
- 鹽…⅔小匙
- 胡椒…⅓小匙

蔥…½根

B
- 白蘿蔔泥…3大匙
- 昆布茶…1小匙
- 麻油…1大匙
- 味醂…1小匙

半月狀的檸檬片…適量

作法

1 蔥切碎後，與材料B充分混合。

2 雞肉去皮後，斜切成薄片，接著與材料A抓揉均勻。

3 平底鍋以中火加熱，擺入步驟2，煎烤至出現焦色後，隨即翻面，再稍微炙烤一下。

4 起鍋裝盤，淋上步驟1，最後添上檸檬就完成了。

建議搭配啤酒

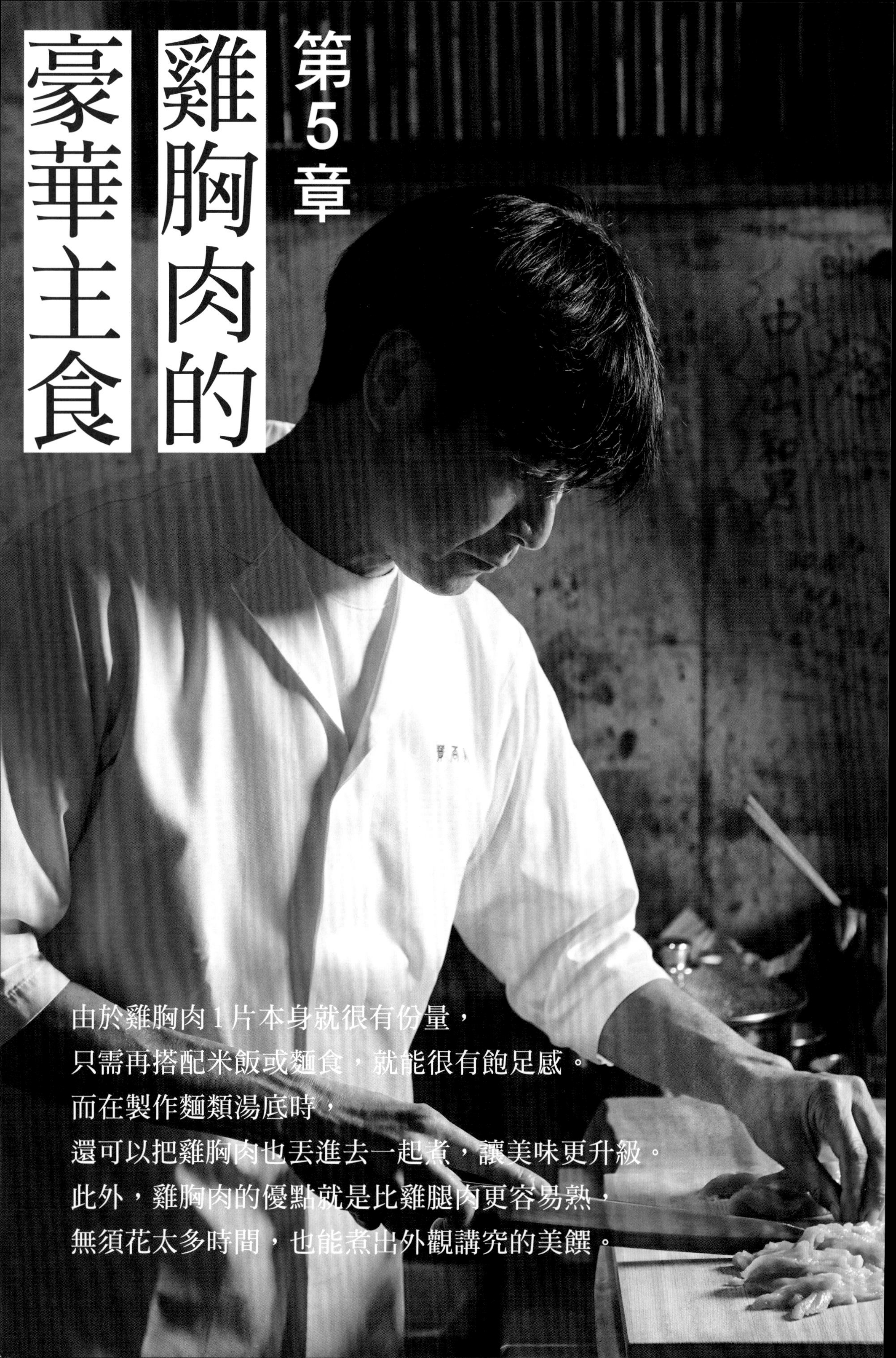

第5章 雞胸肉的豪華主食

由於雞胸肉1片本身就很有份量，
只需再搭配米飯或麵食，就能很有飽足感。
而在製作麵類湯底時，
還可以把雞胸肉也丟進去一起煮，讓美味更升級。
此外，雞胸肉的優點就是比雞腿肉更容易熟，
無須花太多時間，也能煮出外觀講究的美饌。

雞胸親子丼

材料・2人份

雞胸肉…200g
蔥…½根
山芹菜…3根
雞蛋…4顆
A
- 高湯…1杯
- 味醂…½杯
- 醬油…¼杯

熱白飯…蓋飯2碗份

作法

1 蔥斜切成薄片，山芹菜切成1㎝長，雞肉則斜切成一口的大小。

2 先製作1人份。在小鍋中加入½的材料**A**及½的雞肉與蔥，以中火加熱，煮到肉熟透為止。

3 在碗裡打散2顆雞蛋，將約1顆份的蛋液，從鍋子中心以向外畫圓的方式，繞圈倒入鍋中。接著撈除浮沫，等蛋白變硬時，把剩下的蛋液也以相同的方式繞圈倒入。當第二次倒入的蛋液呈半熟狀時就熄火，然後灑上½的山芹菜，蓋上鍋蓋並放置約15秒。

4 在蓋飯碗裡盛入1碗份的白飯，並將步驟**3**倒入盛上。另一碗也以相同方法製作。

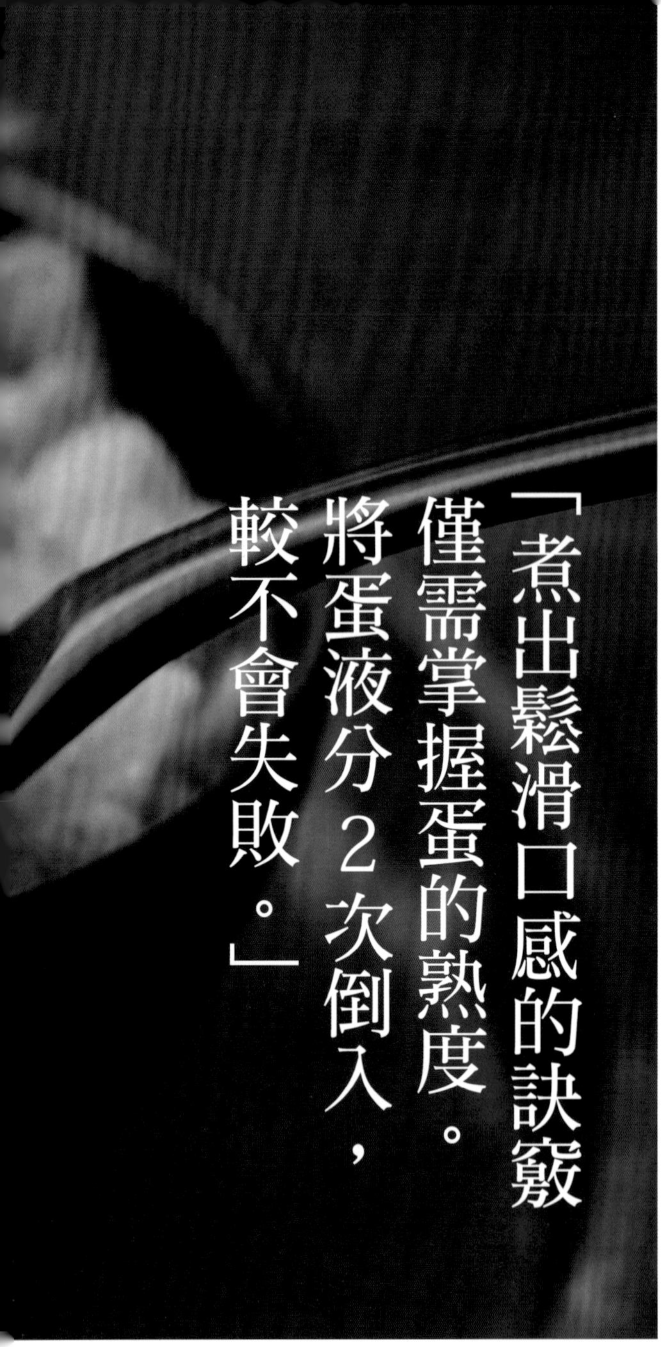

「煮出鬆滑口感的訣竅僅需掌握蛋的熟度。將蛋液分2次倒入，較不會失敗。」

火力通常是外圍較強，故應從中心往外繞圈倒入，使蛋液熟度均等。

撈除猶如泡泡般的浮沫。多這一步不僅能讓成品更美觀，口感也更好。

蛋液一定要分2次倒入。第一次煮到蛋白凝固，第二次則是煮到半熟後熄火。

雞胸五目蒸飯

材料・3～4人份

雞胸肉…200g
牛蒡…50g
香菇…2朵
紅蘿蔔…50g
油炸豆皮…½片
白米…2合（360mℓ）

A
水…340mℓ
昆布（高湯用）…3g
酒…2大匙
淡口醬油、醬油…各1大匙

乾炒白芝麻…少許

作法

1 預拌材料**A**。白米在要煮的30分鐘前洗好，用篩網濾起備用。
2 牛蒡刮去表皮後，斜著削成竹葉狀薄片，快速清洗並瀝乾備用。
3 香菇去柄後切成薄片，紅蘿蔔切成1cm的塊狀，油炸豆皮則切成1cm的長片狀。
4 雞肉去皮後，切成1cm的塊狀，雞皮則切成1.5cm的四方形。
5 放入白米、昆布除外的材料**A**攪拌，接著分散放入步驟**2**、**3**、**4**，最後再擺上昆布。蓋上鍋蓋以大火加熱，煮沸後轉中火繼續煮5分鐘，隨後以小火炊煮15分鐘，熄火後再悶蒸5分鐘。
6 將昆布取出，把整鍋飯大力拌勻，最後撒上白芝麻。

把雞胸肉與雞皮分開，煮好的成品會更漂亮。

食材僅需鋪散在米飯表面即可，如果拌入其中容易導致受熱不均。

「在清爽的雞胸肉飯中加入雞皮，讓醇度與鮮味更加分。」

「清淡的雞胸配上味道偏重的勾芡與調味剛剛好。」

雞胸肉燴飯

材料・2人份

雞胸肉…1片（約300g）
鹽…少許
蔥…½根
白菜…200g
紅蘿蔔…50g
香菇…3朵
荷蘭豆…6片

A
高湯…1½杯
味醂…2大匙
醬油…1½大匙
蠔油…1大匙
生薑泥…1小匙

沙拉油…1大匙
溶水馬鈴薯澱粉…3大匙
熱白飯…蓋飯2碗份

作法

1 蔥斜切成薄片，白菜的葉片切成大塊，葉梗採斜切。紅蘿蔔切成薄長片狀，香菇去柄後切成薄片。荷蘭豆則是去絲後對半切。

2 雞肉去皮後切成3大塊，接著斜切成1㎝厚並撒鹽調味。

3 平底鍋的沙拉油以中火加熱，隨後丟入步驟**2**拌炒，等肉變色後，就加入白菜、紅蘿蔔、香菇下去炒約2分鐘。再來加入蔥、荷蘭豆繼續炒約1分鐘後，倒入材料**A**煮約2～3分鐘，最後倒入溶水馬鈴薯澱粉製作勾芡。

4 於蓋飯碗中盛入白飯，最後淋上步驟**3**就完成了。

「雞肉和蔬菜都切成相同大小，
食材便能與米飯完全融為一體。」

雞胸肉炒飯

材料・2人份

雞胸肉…150g
洋蔥…½顆
紅甜椒…¼顆
蘑菇…2朵
青豌豆…10粒
鹽…適量
胡椒…少許
熱白飯…400g
A 番茄醬…4大匙
味醂、醬油…各1小匙
沙拉油…2大匙
奶油…2小匙

作法

1 洋蔥、紅甜椒、蘑菇、雞肉全部切成1㎝的塊狀。
2 青豌豆用鹽水川燙後瀝乾備用。
3 在平底鍋裡放入沙拉油、奶油並以中火加熱，隨後加入步驟**1**，撒上少許鹽和胡椒後開始拌炒。待雞肉熟透，就倒入白飯繼續拌炒。炒到飯變得鬆散時，加入材料**A**整鍋翻拌入味。起鍋裝盤，最後撒上步驟**2**即可享用。

雞胸香料咖哩飯

材料・2人份

雞胸肉…1片(約300g)
洋蔥…½顆
西洋芹…50g
番茄…1顆
蒜泥…1瓣份
生薑泥…15g
鹽、胡椒…各適量

A
香菜籽粉、孜然粉、卡宴辣椒粉、小豆蔻粉…各1小匙
薑黃粉、粗磨黑胡椒粉…各½小匙

B
水…1杯
酒…¼杯
味醂、醬油…各2大匙

沙拉油…2大匙
熱白飯…適量

作法

1 洋蔥與西洋芹切碎，番茄則切成大塊狀。

2 雞肉去皮後切成3大塊，接著斜切成一口大小，雞皮則切成2㎝的正方形。

「雞胸肉很適合搭配醬汁
爽口又充滿辛香料馥郁
香氣的咖哩。」

3 平底鍋裡放入沙拉油、洋蔥、西洋芹、蒜泥、生薑泥並撒上1小匙鹽，隨後以中火加熱拌炒。等食材變軟後就蓋上鍋蓋，然後偶而打開來攪拌一下，一邊蒸煮一邊拌炒約10分鐘。

4 加入番茄、材料**A**，繼續以中火炒到所有食材融為一體。加入材料**B**、雞肉與雞皮，充分攪拌後蓋上鍋蓋，轉小火煮約15分鐘，最後用鹽、胡椒調味。

5 白飯先盛入碗中，再倒扣至器皿，隨後盛入步驟**4**。如果有的話，也可以在飯上撒點細蔥的蔥花妝點。

雞胸肉很容易熟，因此等完成醬汁基底後再放入即可。

加入雞皮增添醬汁鮮味。

製作咖哩需要數種香料

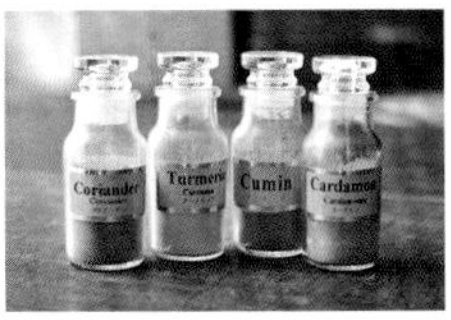

香菜籽帶有清香，薑黃能作為咖哩的底色且具有濃郁香氣，孜然有爽快而強烈香味，小豆蔻則是有淡淡的苦味。各位也可自行添加喜歡的香料，調配出獨家風味。

讓雞胸肉的鮮味融入湯底，煮出上等高湯。
記得把雞肉斜切就能快速熟透。

雞胸南蠻蕎麥麵

材料・2人份

雞胸肉…200g
蔥…⅓根
香菇…4朵
山芹菜…2根
A
高湯…4杯
味醂、醬油…各3½大匙
砂糖…2小匙
蕎麥麵…2團
柚子皮…少許

作法

1 蔥切成5㎝的長片狀，香菇去柄，山芹菜則切成1㎝長。
2 雞肉去皮後，斜切成一口大小。
3 鍋中加入材料**A**並以中火加熱，隨後加入步驟**2**煮到肉熟透為止。撈除浮沫，丟入蔥、香菇後再煮一下。
4 按照蕎麥麵包裝上的標示煮麵，接著將麵湯歷乾後盛入蓋飯碗中。注入熱騰騰的步驟**3**，最後撒上山芹菜、綴上柚子皮後就完成了。

撈除浮沫
讓湯汁更爽口，雖然不撈也滿好吃的（笑）。

「南蠻蕎麥麵大多使用雞腿肉，但改用雞胸的味道會比較清爽，吃起來更順口。」

「將蒜香十足的醬料與煎過的麵條、雞肉充分拌勻，呈現欲罷不能的美味。」

雞胸日式炒麵

材料・2人份

雞胸肉…200g
酒、馬鈴薯澱粉…各1大匙
A
麻油…1小匙
鹽…少許
高麗菜…1/8顆
洋蔥…1/2顆
豆芽菜…100g
鹽…少許
中華蒸麵…2團
B
蒜泥…1/2小匙
酒、醋、醬油、蠔油…各1大匙
沙拉油…2大匙
日式黃芥末泥…少許

作法

1 高麗菜切成2cm寬，洋蔥切成薄片，豆芽菜則先去根。
2 雞肉去皮後，切成5mm的四角棒狀，隨後放入碗中與材料**A**抓揉均勻。
3 先將材料**B**攪拌均勻。
4 平底鍋加入1大匙沙拉油並以中火加熱，把麵條攤開來放入，將兩面都煎得酥脆感後取出備用。
5 於平底鍋再加入1大匙沙拉油，以中火拌炒步驟**2**。當肉變得鬆軟時，就加入步驟**1**，同時撒鹽並將所有食材拌炒均勻。等蔬菜都炒軟後，騰出鍋中約一半的空間，將步驟**4**倒回鍋裡。之後以繞圈的方式倒入步驟**3**，然後整鍋充分炒勻。起鍋裝盤，最後佐上日式黃芥末泥就完成了。

雞胸高湯茶泡飯

材料・2人份

高湯雞胸（p.12）…½片

A
- 白芝麻粉…1大匙
- 山葵醬…½小匙
- 醬油…1大匙
- 味醂…1小匙

B
- 高湯雞胸的湯汁（p.12）…2杯
- 鹽…少許

山芹菜…3根

茶泡飯用小米果…1大匙

海苔絲…適量

熱白飯…飯碗2碗份

作法

1 山芹菜切成1㎝長。

2 用手撕碎高湯雞胸後放入碗中，接著加入材料A拌勻。

3 於小鍋中加入材料B並將其滾沸。

4 碗中盛入白飯，擺上步驟2、山芹菜，撒上茶泡飯用小米果。最後淋上熱騰騰的步驟3，再綴上海苔絲即可開動。

「替撕碎的雞胸調味，再用熱呼呼的雞湯化開米飯，小酌後最棒的收尾非茶泡飯莫屬。」

烹飪助理	矢部美奈子（贊否兩論）
攝影	鈴木泰介 / p.1、11、36〜39、41、59〜70、83 竹内章雄 / カバー表1・4、帯、p.2、3、8、11、14〜35、40、96 豊田朋子 / p.71〜82、84〜95 原 ヒデトシ / p.7 広瀬貴子 / p.9〜13、42〜58
造型	遠藤文香
美術指導	中村圭介（ナカムラグラフ）
設計	樋口万里 野澤香枝（ナカムラグラフ）
構成・取材・文字	早川徳美
責任編輯	澤藤さやか（主婦の友社）

笠原將弘

位於東京惠比壽的日本料理店「贊否兩論」的老闆。一九七二年生於東京。高中畢業后，在「正月屋吉兆」擔任學徒9年，期間因父親過世而回去繼承了位於老家武藏小山的烤雞串店「とり將」。二〇〇四年「贊否兩論」開業後，瞬間就成了間一位難求、話題十足的人氣名店。二〇一三年更於名古屋開設了另一間直營店。此外，作者偶而也會出演電視節目，或在雜誌上連載，同時也經營料理教室等，活躍於各類事業領域。而其經手的料理書籍也很受歡迎，著作累積銷售已超過了130萬本。

「日本料理　贊否兩論」

東京都澀谷區惠比壽2-14-4
TEL 03-3440-5572

減脂烹飪教室

傳授雞胸肉相關祕訣

出　　版／楓葉社文化事業有限公司
地　　址／新北市板橋區信義路163巷3號10樓
郵 政 劃 撥／19907596　楓書坊文化出版社
網　　址／www.maplebook.com.tw
電　　話／02-2957-6096
傳　　真／02-2957-6435
作　　者／笠原將弘
翻　　譯／洪薇
責 任 編 輯／吳婕妤
內 文 排 版／楊亞容
港 澳 經 銷／泛華發行代理有限公司
定　　價／350元
初 版 日 期／2024年1月

國家圖書館出版品預行編目資料

減脂烹飪教室：傳授雞胸肉相關祕訣 / 笠原將弘作；洪薇譯. -- 初版. -- 新北市：楓葉社文化事業有限公司, 2024.01　面；　公分

ISBN 978-986-370-635-9（平裝）

1. 肉類食譜 2. 雞

427.221　　112020516